KB016533

규칙적인 선체의 흔들림 때문이었을까,
아니면 앞으로 닥칠 일에 대한 두려움 때문이었을까.
요트 갑판 위에 서 있던 아이들은 바닷바람을 맞으며 복잡한 감정에 사로잡혔다.

등장인물

진노을 장난기를 과하게 탑재한 덕에 사건 사고를 몰고 다닌다. 어렸을 때부터 컴퓨터 다루기를 좋아했다. 공부에는 관심이 없지만, 수학과 과학 성적은 좋다. 국회의원 진영진의 아들로 금수저를 물고 태어났다. 지나치게 화려한 집안 환경 때문에 란희 외에는 진짜 친구가 없다.

임파랑 수학특성화중학교 수석 입학자로 공부가 제일 쉬웠다. 취미는 수학이고 우울할 때 수학 문제를 푼다. 정답이 없는 걸 싫어한다. 그중에서도 친구 사이의 관계, 감정과 관련한 부분이 가장 싫고 어렵다.

허란희 노을의 소꿉친구. 아버지가 노을의 집에서 20년째 운전기사 일을 하고 있다. 그래서 어렸을 때부터 노을의 뒤치다꺼리를 했다. 이 학교도 사고를 몰고 다니는 노을의 감시자로 들어온 셈. 발랄한 다혈질 캐릭터로 외로워도 슬퍼도 울지 않는다.

박태수 있는 집 자식이다. 덕분에 으스대며 초등학교 생활을 했다. 아무도 태수를 건드리지 않았고, 승부욕이 과해 공부도 잘했다. 하지만 임파랑 때문에 1등은 단 한 번도 해 보지 못했다. 그것이 항상 스트레스였다. 더욱 열 받는 것은 임파랑은 자신을 신경 쓰지도 않는다는 것이다. 임파랑을 이기고 싶어서 수학특성화중학교에 들어왔다.

한아름 란희의 짝꿍이다. 그림에 재주가 있다. 평소에는 조용하고 수줍음 많은 소녀지만, 아이돌 가수 유리수와 관련된 일에는 돌변한다. 아름의 세상은 유리수를 중심으로 돌아간다. 수학특성화중학교에 들어온 것도 유리수 때문이다. 그런데 컴퓨터 부 교사한테서 자꾸만 유리수의 향기가 난다.

정태팔 수학 심화반 교사다. 고지식하고 고리타분하며 고집불통이다. 전에 근무하던 학교에서도 늘 비호감 교사 1위를 독점했다. 새로 발령받은 수학특성화중학교에서 고등학교 동창이자 잊고 싶은 기억인 류건을 만나게 된다.

김연주 수학 기초반 교사이자 주인공들의 담임이다. 청순가련에 조신한 그야말로 여신이다. 수학특성화중학교 대표 첫사랑 등극 예정인 그녀. 그런데 그녀에겐 감춰야 할 비밀이 있다.

류건 방과 후 컴퓨터 교사. 김연주와 함께 비밀을 간직한 신비주의 캐릭터다. 노을과 계속 엮이면서 사건을 주도하는 인물이기도 하다. 훤칠한 키에 아이돌 가수 유리수를 닮은 외모로 여자아이들에게 인기가 많지만, 정작 본인은 눈치채지 못하고 있다.

수학특성화중학교

❸ 파란노을과 제로의 비밀 좌표

초판 1쇄 펴냄 2016년 7월 11일
14쇄 펴냄 2024년 9월 6일

지은이 이윤원 김주희
그린이 녹시
창작 기획 이세원

펴낸이 고영은 박미숙
펴낸곳 뜨인돌출판(주) | 출판등록 1994.10.11.(제406-251002011000185호)
주소 10881 경기도 파주시 회동길 337-9
홈페이지 www.ddstone.com | 블로그 blog.naver.com/ddstone1994
페이스북 www.facebook.com/ddstone1994 | 인스타그램 @ddstone_books
대표전화 02-337-5252 | 팩스 031-947-5868

ⓒ 2016 이윤원, 김주희

ISBN 978-89-5807-610-0 04410

수학특성화중학교

③ 파란노을과 제로의 비밀 좌표

뜨인돌

1장

어려운 너

시선 속에서

맑은 날씨가 이어졌다. 란희는 병원 치료와 참고인 진술 때문에 며칠째 학교에 가지 못했다. 그 며칠 사이, 학교의 분위기는 많이 달라져 있었다.

교실 문 앞에 매달린 아이들이 웅성거렸다.

"허란희, 너 짱이다."

"무섭지 않았어?"

"9시 뉴스에도 나왔다며?"

"나도 봤어. 뉴스에 우리 학교도 나왔다니까."

"팔은 괜찮아?"

아이들은 란희를 향해 질문을 쏟아냈다.

동경과 질투 사이, 복잡한 시선 속을 걸어가는 란희의 모습은 마치 개선장군과도 같았다. 오른손은 깁스를 한 상태라 란희는 왼손을 들어 아이들의 환호에 화답했다.

중간중간 아이들의 질문에 명랑하게 대꾸하는 것도 잊지 않았다. 수많은 시선들 속에서도 긴장하거나 주눅 들지 않는 모습이 과연 란희다웠다.

그때 란희와 태수의 눈이 마주쳤다. 먼저 시선을 피한 사람은 태수였다. 덕분에 더 어색해져 버렸다. 란희는 병원에서 태수에게 고백을 받은 후 지금까지 아무런 대답도 하지 않고 있었다.

이번엔 자신이 미안하다고 해야 하는 걸까. 수학 동아리 방 앞에서 자신을 흉보던 아이들의 이야기를 듣지 못했다면 어떻게 됐을까. 여전히 아무것도 모른 채 태수와 잘 지내고 있을까.

"란희야!"

란희는 웅성거리는 소리에 교실 밖으로 고개를 내민 아름과 시선이 마주쳤다. 아름이 환하게 웃으며 뛰어왔다.

"팔은 괜찮아? 아프진 않아?"

"멀쩡해. 실금 간 거야, 실금. 다음 주에는 풀 거야."

란희는 깁스한 오른팔을 왼손으로 탁탁 쳤다. 배시시 웃은 아름이 란희의 팔에 팔짱을 꼈다.

교실에 들어서자 익숙한 공기가 느껴졌다. 란희는 책상 위에 가방을 던지듯 내려놓았다. 그러곤 복도 쪽을 멍하니 응시했다. 조금 전 마주쳤던 태수의 표정이 떠오른 것이다.

"칫."

"왜 그래?"

"아냐~ 그냥."

말을 얼버무린 란희의 표정이 복잡미묘했다.
“고민 있어? 심란해 보이는데.”
“그런 거 없어.”
“그냥 말해.”
아름은 모든 걸 알고 있다는 듯 란희를 지그시 바라보았다.
“뭘?”
란희는 딴청을 부리며, 책상 서랍 속에 있는 책을 손에 잡히는 대로 꺼내 펼쳤다. 그러고는 작게 한숨을 내쉬었다.
“무슨 일인데?”
“가을 타나 봐.”
말을 돌리려고 대충 둘러댄 란희는 오는 길에 친구에게 받은 딸기우유를 벌컥벌컥 마셨다.
“너 태수랑 무슨 일 있지?”
“켁.”
놀란 란희는 사레가 들려 한참을 컥컥거렸다.
“말해 봐. 너 완전 말하고 싶어 하는 표정이야.”
그랬나. 말하고 싶었던 걸까. 란희의 입이 달싹거렸다.
“태수가 병원에 왔었어.”
“에? 뜬금없이? 와서 뭐래?”
“좋아한대.”
“어머나.”

"진짜 뜬금없지 않냐? 뭔 생각인 거야?"

란희는 질문을 던진 순간 깨달았다.

심란했던 건 그 때문이었다. 태수의 의도를 알고 싶었다. 태수는 무슨 생각으로 그런 말을 한 걸까. 그 마음속이 궁금했다. 그리고 그런 게 궁금한 이유는 최소한의 자존심을 회복하고 싶은 얄팍한 여심 때문일까, 아니면….

"태수 말 그대로 널 진짜 좋아하는 걸 수도 있고, 좋아하는 척하는 걸 수도 있고."

"그러니까 둘 중에 뭐냐고오."

"그건 태수만 알겠지."

아름의 대답은 간단했다. 하지만 그게 정답일 것이다. 주어진 상황만 놓고 답을 이끌어 내는 것은 처음부터 무리였다. 이건 수학 문제가 아니다.

"그럼 너는?"

아름이 물었다.

"나?"

란희는 질문의 의미를 모르겠다는 듯 되물었다.

"응, 너. 넌 태수 어떤데?"

아직도 수학 동아리 방 앞에서 들었던 지석의 목소리가 귓가에 생생했다. 자다가도 벌떡 일어나 이불 킥을 날릴 만큼의 강렬한 사건이었다. 현재 란희의 마음을 요약하자면 이렇다.

"재수 없어."

물론 그게 전부는 아니지만.

"그럼 고민할 것도 없네."

"그렇지?"

그런데 결론이 나오자 괜히 울적해졌다.

란희는 다시 우유를 벌컥벌컥 들이켰다. 아름은 란희의 깁스를 꾹꾹 눌러 보다가 넌지시 입을 열었다.

"없던 일로 하고 다시 잘해 보든지."

"됐거든. 철저한 무관심으로 보답할 거야. 겁나 시크할 예정이니까 기대해라!"

결심을 굳힌 란희를 보며 조심스럽게 고개를 끄덕인 아름이 학생증을 챙기며 말했다.

"점심이나 먹으러 가자."

"난 밥 먹고 왔어. 도서관 갔다가 기숙사로 갈래."

"오후 수업은?"

"합법적인 땡땡이~. 오늘까지 병가 처리해 놨지롱."

란희는 아름과 헤어져 도서관으로 향했다.

도서관 복도에 들어선 순간부터 아이들의 시선이 느껴졌다. 내색하지는 않았지만, 진득하게 따라오는 눈빛들은 란희를 불편하게 만들었다. 노을 덕분에 타인들의 시선에 익숙해졌다고 생각했는데 아니었나 보다. 노을을 향한 시선과 자신을 향한 시선은 확연히 다른 느낌이었다.

'진또라이 자식 힘들었겠는데.'

점심시간의 도서관은 한산했다. 란희는 책장 사이를 천천히 돌며 읽을 만한 책을 추렸다. 학습서는 물론이고 소설이나 에세이 같은 문학서적도 많이 갖춰져 있었다.

책을 뒤적거리다 보니 읽고 싶은 책이 꽤 많았다. 하지만 한 손으로 책을 고르자니 여간 불편한 게 아니었다. 세 권을 골라 대출대로 가려는데 란희가 즐겨 보는 사진집 시리즈의 신간이 눈에 띄었다.

란희는 깁스한 팔 위에 어정쩡하게 세 권을 걸쳐 놓고, 왼팔을 위로 뻗었다. 책을 꺼내려고 낑낑거리고 있는데 갑자기 손이 가벼워졌다.

"어?"

태수였다. 란희가 들고 있던 책들을 자연스럽게 받아 든 태수는 란희가 꺼내려던 사진집까지 꺼내 들었다.

"이거 맞지?"

란희는 자신도 모르게 고개를 끄덕였다. 이상하게 자주 마주쳤다. 란희는 책을 돌려 달라는 뜻으로 손을 내밀었다.

"들어 줄게."

"됐어."

"팔 다쳤잖아."

“됐고. 그냥 손바닥 위에 올려놔.”

“대출대까지만 들어 줄게.”

“싫.다.고.”

란희는 눈을 동그랗게 뜨고 또박또박 대꾸했다. 머릿속에 시크, 단호박, 무관심 같은 단어가 빙글빙글 돌았다. 스스로를 칭찬해 주고 싶을 만큼 꽤 괜찮은 대응이었다.

“그게 대답이야?”

“뭔 말이야?”

“병원에서…. 너 아직 대답 안 했잖아.”

다시 그 얘길 꺼낼 거라고는 생각도 못 했기 때문에 란희는 당황했다. 게다가 이런 전개는 너무 뜬금없지 않은가.

물론 답은 정해져 있었다. 아까처럼 또박또박 싫다고 말하면 그뿐이다. 그런데 이상하게도 입이 떨어지지 않았다.

어색한 분위기 속에서 태수와 란희의 시선이 얽혔다. 먼저 시선을 돌린 건 란희였다.

“…응. 싫어. 그러니까 그냥 줘.”

태수가 다시 입을 열려고 할 때였다.

책장 사이에서 나타난 누군가가 태수의 손에 들린 책을 빼앗듯이 낚아챘다. 파랑이었다.

“대출할 거지?”

담담한 파랑의 물음에 란희가 고개를 끄덕였다. 파랑이 먼저 대출대를 향해 가고 란희가 따라서 움직였다. 등 뒤에서 태수의 시선이 느껴졌지만 란희는 돌아보지 않았다.

란희와 파랑은 책을 대출하고는 도서관 밖으로 나왔다. 파랑은 란희의 가방에 책을 넣어 주었다. 그러고는 노트 한 권을 란희에게 내밀었다.

"이거."

"뭔데?"

"너 학교 빠진 동안 수업 정리한 거야."

노트를 받아 든 란희가 첫 페이지를 펼쳤다.

파랑의 가지런한 글씨가 페이지를 채우고 있었다. 수업을 듣지 않은 란희도 충분히 이해할 수 있을 만큼 자세하고 친절하게 설명되어 있었다.

"진도는 좀 다를 거야. 일단 자세히 적긴 했는데 궁금한 거 있음 물어봐."

"와! 감동. 근데 너 이런 거 귀찮아하잖아."

"어차피 계속 귀찮게 할 거잖아."

"그건 그렇지만."

파랑은 똑바로 마주 보는 란희의 시선을 피했다. 그리고 란희 손에 들려 있던 노트를 낚아채서 가방에 넣었다.

"가자. 기숙사 앞까지 들어 줄게."

가방 두 개를 둘러멘 파랑은 기숙사를 향해 움직였다. 잠시 묘

한 기분에 사로잡혔던 란희는 흐뭇한 미소를 지으며 파랑의 뒤를 따라갔다.

"귀여운 것. 나 없는 동안 이렇게 기특한 일을 한 거야아~."

노트 덕분에 기분이 좋아진 란희의 목소리가 한 톤 올라갔다.

준비된 하루

아침부터 이상했다. 쉬는 시간마다 사라지는 아름도 그렇고, 노을과 파랑도 확실히 평소와 달랐다. 자기들끼리 속닥거리다가 란희만 보면 입을 꾹 다물었다.

란희의 촉이 말하고 있었다. 노을은 곧 사고를 칠 것이다. 그것도 대형사고를.

'뭐지? 축제 때문인가? 오늘 뭔 일이 있었던가? 뭘까? 뭐지?'

머리를 굴리던 란희는 점심시간이 되자마자 노을의 교실로 달려갔다. 그리고 팔짱을 끼고 섰다.

"오늘따라 내 눈을 피하는 이유가 뭐야?"

"그럴 리가."

"왜 때문일까? 내가 막 눈이 부시냐? 후광이 비쳐?"

"뭔데. 돌았냐?"

"아니면 뭐야. 말해 봐."

"뭐, 뭐가."

노을은 말까지 더듬었다.

"좋은 말로 할 때 불어라."

"뜬금없이 왜 이래. 하하. 이상하네. 아무 일도 없는데."

노을은 확실히 란희의 시선을 피했다. 노을이 곤란해지자 옆에 있던 파랑까지 합류했다.

"평소랑 같은데 왜 그러지."

노을, 파랑 완전체의 발연기를 감상하던 란희는 근엄한 표정을 지으며 노을을 압박했다.

"내 눈 똑바로 봐."

얼떨결에 고개를 든 노을은 슬쩍 란희의 눈을 보고는 다시 시선을 돌렸다.

"뭔데 그래. 그냥 말하자. 내가 너그럽게 봐줄게."

"말할 게 있어야 하지."

노을은 끝까지 오리발을 내밀었다. 게다가 파랑까지 한통속이라니.

자신의 교실로 돌아온 란희는 투덜거리며 영어 교과서를 꺼내 들었다.

'거대한 음모가 도사리고 있어.'

란희는 하소연할 상대를 찾았지만 아름은 수업 종이 울리고 나서야 교실로 돌아왔다.

"어디 갔다 왔어?"

"화, 화장실??"

"같이 가자 그러지."

"아니야. 음… 오래 걸리는 거라서. 아하하."

아름마저 발연기에 동참했다. 란희는 눈을 가늘게 뜨고 아름을 노려보았다. 하지만 그녀를 심문하려던 계획은 막 들어선 영어 교사에 의해 중단되었다.

그렇게 오후 수업도 끝이 났다. 노을이네 교실에 가 봤지만, 노을과 파랑의 자리는 비어 있었다. 아무런 수확 없이 교실로 돌아왔는데 아름이 핸드폰을 보고 있었다. 얼핏 본 메시지에는 ·(점)과 –(선)만 줄지어 있었다.

– – · · –   · · ·   – · – · –

"뭐야?"

란희가 핸드폰에 얼굴을 들이밀었다.

"히이익."

아름이 기겁하며 몸을 뒤로 뺐다. 핸드폰까지 등 뒤로 감추는 걸 보니 더더욱 심상치가 않았다.

"뭔데 그래?"

"스, 스팸 문자야."

"흐응. 그래? 나도 보자! 스팸 문자!!"

란희가 눈을 빛내며 아름에게 달려들었을 때였다.

"서, 선생님!"

종례하러 들어온 정태팔이 아름을 구원해 주었다. 덕분에 란희의 수사는 잠시 중단됐다. 종례가 끝나고 다시 심문해 보리라 다짐했지만, 란희가 잠깐 다른 아이들과 수다를 떠는 사이에 아름이 사라져 버렸다. 노을과 파랑의 행방도 묘연했다.

"뭐야. 설마 나 왕따야?"

터덜거리며 복도를 걷고 있는데 핸드폰이 울렸다.

– 동아리 방으로 와.

노을의 문자였다.

란희는 큰 사고가 아니길 바라며 다급히 동아리 방으로 향했다. 문을 열고 들어서자 깜깜한 방 안에서 폭죽이 터졌다.

"생일 축하합니다~. 생일 축하합니다~."

란희는 오늘이 며칠인지를 생각했다. 집에서는 생일을 음력으로 챙겼지만 노을만은 항상 양력으로 챙겨 주었다. 매년 계산하기 귀찮다는 이유에서였다.

노래가 끝나고 란희가 촛불을 불자 파랑이 전등을 켰다. 그제야 암막 커튼으로 외부 빛을 차단한 동아리 방의 모습이 제대로 보였다.

동아리 방 천장에 달린 풍선과 가랜드, 축하 메시지까지 오래

공들인 티가 났다. 특히 전지에 그린 란희의 캐리커처는 엄청난 퀄리티를 자랑했다.

"이거 누가 그린 거야?"

"내가."

아름이 수줍어하며 손을 슬쩍 들었다.

"대박인데?"

"가끔 팬아트 그렸거든. 원래 팬심은 기적을 만들잖아."

"진짜 짱이다."

란희가 방긋 웃더니 가방에서 무언가를 꺼냈다. 카메라였다.

"사진 찍자!"

란희와 아이들은 다양한 각도로 사진을 찍어 댔다. 촬영을 끝낸 란희는 배시시 웃으며 노을을 향해 손을 내밀었다.

"선물."

"강도냐?"

노을은 투덜거리면서도 준비한 선물을 꺼냈다. 란희가 평소에 갖고 싶어 하던 캐릭터 핸드폰 케이스였다. 아름의 선물은 동물 일러스트가 새겨진 티셔츠였다. 마지막으로 파랑의 선물은 카메라 스트랩이었다. 알록달록한 무늬가 경쾌해 보였다.

"와, 귀엽다."

란희는 그 자리에서 카메라 스트랩을 갈아 끼웠다.

"고마워. 이것 때문에 하루 종일 바빴구나. 귀여움이 만발하네."

란희가 다시 방긋 웃었다. 서운했던 마음이 한 번에 날아갔다. 그러다가 아름이의 생일이 기억났다.

"네 생일 다음 달이지? 뭐 받고 싶은 거 없어?"

"없어."

"그럼 소원은?"

"소원? 으음, 유리수 오빠 가까이에서 한번 보는 거?"

아름의 표정이 꽤 진지했다. 아름의 생일 선물은 리미트와 관련된 거라면 무엇이든 괜찮을 것 같았다.

"일단 기대하시라. 아무튼, 모두들 고마워."

노을이 초대형 사고라도 친 줄 알았는데 생일파티가 기다리고 있었다니.

"그러니까 나한테 잘해. 구박 좀 그만하고."

노을의 말에 란희가 배시시 웃었다. 생일파티는 생일파티고 구박은 구박이다.

"그런데 그 문자는 뭐야? 점 찍혀 있던."

"아, 그거? 노을부호야."

금세 의기양양해진 노을이 대꾸했다.

"그건 또 뭐야?"

"들킬까 봐 머리 좀 썼지. 그니까 남의 핸드폰 좀 보지 마라. 사생활 침해라고."

란희가 미간을 찌푸리자 파랑이 설명을 시작했다.

"모스부호는 알지? ·(점)과 –(선)을 조합해서 만드는 거. 문자를 기호화해서 나타내는 부호야. 그런 부호를 노을이가 새로 만들어서 암호처럼 사용한 거지."

"왜 새로 만들어? 있는 거 쓰면 되잖아."

란희의 질문에 답을 한 사람은 거만 모드가 가동된 노을이었다. 세기의 대발견이라도 한 듯한 표정이었다.

"모스부호는 외워야 하거든. 근데 난 도저히 안 외워지더라고. 그래서 초천재이신 이 몸이 직접 만들었지. 앞으로 우리 동아리 공식 암호로 쓸 거야!"

"그래서 아까 그 문자는 무슨 뜻인데?"

"6시."

정답을 말한 노을은 이유를 맞혀 보라는 듯한 얼굴로 란희를 쳐다보았다.

"그러니까 어떻게 6시가 되는 거냐고!"

란희의 재촉에 노을이 설명을 시작했다.

"모스부호는 ·과 – 두 가지 기호로만 이루어져 있기 때문에 0과 1의 두 가지 숫자만 사용하는 이진법이랑 거의 비슷해. 그래서 자음은 'ㄱ'부터, 모음은 'ㅏ'부터 나열한 다음, 하나씩 순서대로 1, 2, 3, 4 … 에 대응시켰어. 그 수를 이진법으로 바꿔서 0은 –으로, 1은 · 으로 나타내는 거야. 그리고 모음은 따로 구별할 수 있게 –을, 숫자는 – –을 앞에 더 붙여서 쓰는 거지.

십진법과 이진법

우리가 일상생활에서 널리 쓰는 십진법은 0부터 9까지 10개의 숫자를 사용하여 수를 나타내는 방법으로, 어느 자리가 9를 넘어가면 자리 올림을 한다. 그에 반해 이진법은 0과 1 두 가지 숫자만을 사용하여 수를 나타내는 방법으로, 수의 오른쪽 아래에 $_{(2)}$를 붙여 구분한다. 이진법은 0과 1만을 사용하기에 어느 자리가 1이 넘어가면 2를 쓰지 않고 자리 올림을 한다. 예를 들어 1씩 커지는 수를 이진법으로 표현하면 0은 $0_{(2)}$, 1은 $1_{(2)}$, 2는 자리 올림을 하여 $10_{(2)}$, 3은 $11_{(2)}$, 4는 자리 올림을 하여 $100_{(2)}$, 5는 $101_{(2)}$로 나타낸다. 즉 이진법은 $1_{(2)}=1$, $10_{(2)}=2$, $100_{(2)}=4$와 같이 자리가 하나씩 올라감에 따라 자릿값이 2배씩 커지는 수의 표시법이다.

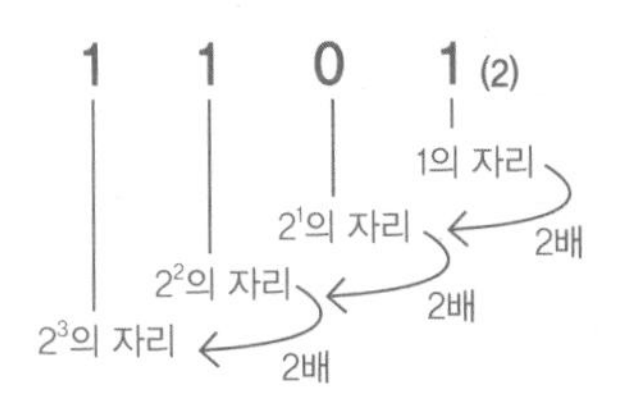

$$\begin{aligned} 1101_{(2)} &= 1\times2^3+1\times2^2+0\times2^1+1\times1 \\ &= 8+4+0+1 \\ &= 13 \end{aligned}$$

자음	모음	숫자	부호	2진법
ㄱ	ㅏ	1	·	$1_{(2)}$ $=1\times1=1$
ㄴ	ㅑ	2	·–	$10_{(2)}$ $=1\times2^1+0\times1=2$
ㄷ	ㅓ	3	··	$11_{(2)}$ $=1\times2^1+1\times1=3$
ㄹ	ㅕ	4	·––	$100_{(2)}$ $=1\times2^2+0\times2^1+0\times1=4$
ㅁ	ㅗ	5	·–·	$101_{(2)}$ $=1\times2^2+0\times2^1+1\times1=5$
ㅂ	ㅛ	6	··–	$110_{(2)}$ $=1\times2^2+1\times2^1+0\times1=6$
ㅅ	ㅜ	7	···	$111_{(2)}$ $=1\times2^2+1\times2^1+1\times1=7$
ㅇ	ㅠ	8	·–––	$1000_{(2)}$ $=1\times2^3+0\times2^2+0\times2^1+0\times1=8$
ㅈ	ㅡ	9	·––·	$1001_{(2)}$ $=1\times2^3+0\times2^2+0\times2^1+1\times1=9$
ㅊ	ㅣ		·–·–	$1010_{(2)}$ $=1\times2^3+0\times2^2+1\times2^1+0\times1=10$
ㅋ	ㅐ		·–··	$1011_{(2)}$ $=1\times2^3+0\times2^2+1\times2^1+1\times1=11$
ㅌ	ㅔ		··––	$1100_{(2)}$ $=1\times2^3+1\times2^2+0\times2^1+0\times1=12$
ㅍ			··–·	$1101_{(2)}$ $=1\times2^3+1\times2^2+0\times2^1+1\times1=13$
ㅎ			···–	$1110_{(2)}$ $=1\times2^3+1\times2^2+1\times2^1+0\times1=14$
		0	–	$0_{(2)}$ $=0\times1=0$

아름이가 받은 문자는 ――・・―　・・・　―・―・― 이잖아.
맨 앞에 ――・・―은 ――으로 시작하니 숫자라는 뜻이고, 이어지는 ・・―은 이진법으로 $110_{(2)}$이니까 $1 \times 2^2 + 1 \times 2^1 + 0 \times 1 = 6$, 즉 숫자 6을 나타내. 같은 원리로 해 보면 ・・・은 자음 'ㅅ', ―・―・―은 모음 'ㅣ'를 나타내니까 6시가 되는 거야."
"흐응. 그래. 앞으로는 쓸 일 없겠네."
설명을 들은 란희의 평가였다.
"사실 비밀유지 면에서 효율적이진 않아. 조금만 관찰하면 원리를 알아낼 수 있거든. 그리고 같은 문자를 나타낼 때 모스부호보다 더 많은 양의 기호가 필요하기도 하고. 외우지 않고도 쓸 수 있다는 것 말고는 장점이 없어."
파랑의 냉정한 평가도 이어졌다. 덕분에 노을의 기세가 한풀 꺾였다.
"노을부호를 모욕하지 마라."
"케이크나 먹자."
아름이 케이크 칼을 란희에게 내밀었다. 그러자 냉정한 평가에 앙심을 품었던 노을이 슬며시 웃었다.
"케이크는 이렇게 먹어야 제맛이지."
그 말을 끝으로 란희의 얼굴에 케이크가 날아들었다.
정확하게 란희의 얼굴에 비벼진 케이크는 형체를 알아볼 수 없게 되었다. 노을은 웃음을 터트렸다.

관희도 당하고만 있지는 않았다.

"이리 와!"

그렇게 시작된 관희의 복수는 모두를 기숙사로 돌아가게 만들었다.

기숙사 방으로 돌아온 관희는 콧노래까지 흥얼거리며 샤워를 마쳤다. 식당에 가려고 핸드폰을 집어 드는데, 태수로부터 메시지가 왔다. 등나무 벤치에서 기다리겠다는 내용이었다.

– 안 가.

짧게 답장을 남기고 기숙사 방을 나서는데 다시 메시지 알림음이 들렸다.

– 잠깐이면 돼. 올 때까지 기다린다.

인상을 팍 쓴 관희는 학생식당을 향해 걸음을 옮겼다.

'지가 뭔데 오라 가라야. 오라 그러면 순순히 갈 줄 알고, 어?'

분명 씩씩거리며 학생식당을 향해 가고 있었는데, 눈앞에 등나무가 보였다. 뒤늦게 발걸음을 돌리려 했지만 관희를 발견한 태수가 다가왔다. 돌아가기엔 늦었다. 관희는 도망치는 대신 그 자리에서 팔짱을 꼈다.

"왜?"

떨떠름한 목소리가 튀어나왔다.

태수는 쓴웃음을 지으며, 곱게 포장된 상자를 내밀었다.

"축하해, 생일."

란희는 선물 상자를 보고만 있었다.

"일단 받아."

태수는 란희 손에 상자를 쥐어주고는 그대로 사라졌다. 혼자 남겨진 란희의 표정이 와락 구겨졌다.

풀리지 않는 비밀번호

드디어 란희는 깁스를 풀었다. 움직임이 한결 편안했다. 흡사 자유라도 얻은 느낌이었다. 오른팔을 빙빙 돌리며 학생식당에 들어서니 노을과 파랑, 아름이 자리를 잡고 앉아 있었다.

“깁스 풀었네? 오늘 한식 메뉴에 오이소박이 있어.”

오이라니.

노을의 제보에 란희는 망설임 없이 양식을 선택했다. 서로의 호불호를 잘 알고 있는 친구는 언제나 좋다. 란희는 식판을 들고 아름 옆에 앉았다.

“이제 괜찮대?”

아름이 몸을 틀며 물었다.

“당분간 무거운 거 들지 말고, 무리한 운동만 안 하면 되는 정도?”

“다행이다.”

자기 일같이 좋아해 주는 아름을 보며 란희도 배시시 웃었다.

그때 란희의 시선에 태수가 들어왔다. 샌드위치를 들고 다가온 태수가 란희 옆에 선 채 물었다.

"옆에 앉아도 돼?"

"아니."

란희가 재빨리 대꾸했지만 태수는 그냥 옆에 앉았다.

"그냥 앉을 거면서 왜 물어봐?"

"그러네. 앞으로는 그냥 앉을게."

노을은 멍하니 태수를 쳐다보았다. 란희가 태수를 용서한다고 해도 자신은 그러지 못할 것 같았다. 지금까지 란희가 그렇게 크게 우는 모습은 본 적이 없었으니까.

역시 한마디해야겠다고 생각한 노을이 숟가락을 내려놓았다. 그리고 물을 한 모금 마셨다. 비장한 표정으로 입을 열려는데, 란희의 목소리가 가로막았다.

"나한테 왜 이러는 거야?"

"말했잖아."

"나도 도서관에서 대답한 것 같은데."

"알아. 그래서 노력하는 거야."

"그 노력 넣어 둬."

란희는 한결같이 무심했다. 차라리 울거나 화내면서 감정을 표출하는 편이 더 다가가기 쉬울 것 같았다.

"거절하는 것도 참 너답다."

태수가 어색한 얼굴로 머리를 긁적였다. 하지만 자리에서 일어나지는 않았다. 잘못한 것도, 좋아하는 것도 자신이다. 그렇다면 태수는 절대 약자가 될 수밖에 없었다.

애써 웃음을 보인 태수는 란희에게 샌드위치 한쪽을 내밀었다.

"샌드위치, 먹어 볼래?"

"노력 넣어 두라는 말 못 들었어?"

란희의 미간이 찌푸려졌다. 말투에도 짜증이 덕지덕지 붙어 있었다.

"못 들은 척하는 중이야."

"언제까지 이럴 건데."

"나도 모르겠는데. 내가 널 얼마나, 언제까지 좋아할지는."

순간, 식당 안이 조용해졌다.

란희의 얼굴이 잘 익은 토마토처럼 붉어졌다. 그런 란희를 보며 태수는 부드럽게 웃었다. 그러곤 아무 일도 없었다는 듯 샌드위치를 한입 베어 물었다. 란희도 밥으로 시선을 돌렸다.

노을은 결국 아무런 말도 하지 못했다. 도무지 끼어들 수 없는 분위기였다. 다시 시끄러워진 식당에서 란희와 태수의 이름이 오르내렸다.

아무런 표정 없이 밥을 먹던 파랑은 숟가락을 내려놓았다. 그걸 신호로 노을과 아름도 식판을 들었다. 먼저 일어난 건 란희였다. 란희의 뒤를 따라 노을과 파랑, 아름도 움직였다.

혼자 남은 태수는 한숨을 내쉬었다. 아무렇지 않은 척하고 있었지만, 기분이 착잡했다. 진지하게 대화할 기회가 좀처럼 주어지질 않았다. 샌드위치를 대충 욱여넣고 일어나려는데 식당 바닥에 떨어진 란희의 핸드폰이 보였다.

란희의 모습은 이미 보이질 않았다. 무심코 핸드폰을 건드리자 비밀번호 잠금 화면이 나타났다. 한동안 잠금 화면을 보던 태수는 자신도 모르게 숫자를 입력하기 시작했다.

란희가 핸드폰 잠금을 풀 때 봤던 비밀번호를 잊지 않고 있었다. 이러면 안 된다는 건 알고 있었지만 자제가 안 됐다.

태수의 손은 사진첩으로 움직였다. 거의 모든 사진에는 아름과 노을, 파랑이 있었다. 씁쓸한 표정으로 사진을 훑어보던 태수의 시선이 한곳에서 멈췄다. 자신과 찍은 사진이 그대로 남아 있었다.

'기회가 될 수 있을까?'

머릿속에 떠오른 것은 그야말로 '모 아니면 도' 전략이었다. 란희의 분노를 살 각오를 해야 했지만, 무관심보다는 나을 것 같았다. 짧은 망설임을 마친 태수는 핸드폰을 만지작거리며 무언가를 입력하고는 란희가 있을 만한 곳으로 걸음을 옮겼다.

란희가 좋아하는 곳이라면 태수도 잘 알고 있었다. 태수는 등나무 벤치를 향해 달렸다. 그리고 아름과 함께 있는 란희를 어렵지 않게 찾을 수 있었다.

등나무 벤치에 앉은 란희는 뭐가 그리 즐거운지 깔깔거리며 웃고 있었다.

"아까 유리수 오빠 숙소 동영상이 떴는데, 어? 태수다."

태수를 발견한 란희의 얼굴이 싹 굳었다. 태수는 란희에게 핸드폰을 내밀었다.

"어?"

"식당에 놓고 갔더라."

란희가 교복 주머니를 손으로 더듬었다. 핸드폰의 묵직함이 느껴지지 않았다.

"고, 고마워."

핸드폰을 받아 든 란희는 확인도 하지 않고 주머니에 다시 넣으려고 했다.

"아직 내 사진 안 지웠더라."

태수는 도발하듯 말을 던졌다.

"너! 내 핸드폰 본 거야?"

란희가 태수를 노려봤다. 란희는 신경질적으로 핸드폰 비밀번호를 눌렀다.

"뭐야? 비밀번호까지 바꿨어?"

잠금 화면이 풀리지 않았다.

"네가 풀 수 있는 번호야. 못 풀겠으면 나랑 주말에 영화 보러 가자. 비밀번호 알려 줄게."

"됐거든."

욕이나 한바탕 해 줄까 잠시 고민하던 란희는 겨우 화를 참아냈다. 그리고 외면하듯 고개를 돌렸다. 비밀번호를 풀다가 안 되면 서비스센터라는 대안이 있었다.

"화났어? 영화가 싫으면 놀이동산 갈래?"

"놀이동산 같은 소리 하고 있네."

"비밀번호 필요하면 말해."

말을 마친 태수는 그대로 등을 돌리고 멀어졌다. 덕분에 멘탈이 바스러진 란희는 아름을 멍하니 쳐다봤다.

"나 지금 따라가서 화내면 지는 거지?"

"응."

"역시 그렇지."

란희는 멍하니 잠금 화면을 쳐다보았다.

"지문으로 확인할 수 없을까?"

함께 화면을 응시하던 아름이 해결 방법을 제시했다.

"그래! 지문."

란희는 새로 지문이 남지 않도록 조심스레 핸드폰을 들고는 동아리 방으로 움직였다. 동아리 방에는 파랑이 와 있었다. 란희는 핸드폰 액정을 전등에 비스듬히 비춰 보았다.

"지문이 너무 많잖아아~."

란희가 좌절하자, 아름이 핸드폰을 빼앗아 들고 다시 전등에 비추며 세심히 살폈다.

"맨 위에 덧씌워진 지문 자국 중에서 좀 큰 지문만 추려 보자. 아무래도 네 지문보다 클 테니까."

한참 동안 핸드폰 액정을 들여다보며 아름이 찾아낸 숫자는 6개였다. 원래 란희의 PIN 비밀번호였던 숫자 2개를 제외하니 4개가 남았다.

"0, 1, 3, 6?"

란희가 숫자를 들여다보며 인상을 쓰고 있으니 파랑이 물었다.

"무슨 일이야?"

"박태수 이 자식이 내 핸드폰 비밀번호를 바꿔 놨어."

"어쩌다가?"

"란희가 핸드폰을 식당에 놓고 왔나 봐."

파랑의 질문에 아름이 답했다.

"그렇다고 비밀번호를 바꿔?"

"그 자식 집착남 기질이 있나 봐. 날 거절한 여자는 네가 처음이야, 뭐 이런 건가?"

란희가 분노를 담아 숫자를 노려보자, 파랑이 숫자가 적힌 쪽지를 집어 들었다.

"이 숫자가 들어가는 건 맞아?"

"확실하지는 않아. 일단 4개로 하나씩 풀어 보고, 안 되면 원래 내 비밀번호까지 포함해서 해 봐야지, 뭐. 그래도 안 되면 0부터

다 입력해 볼 거야!"

란희를 지켜보던 파랑이 어이없다는 듯 입을 열었다.

"그걸 하나씩 다 입력한다고? 만 가지는 될 텐데?"

"만 가지? 그렇게나 많아?"

"네 자리에 각각 0부터 9까지 10개의 숫자가 올 수 있으니까 $10 \times 10 \times 10 \times 10 = 10^4$, 만 가지가 맞지."

만 가지라니. 상상만 해도 다크서클이 턱까지 내려올 것 같았다.

"서비스센터 일요일에 할까?"

란희는 비밀번호를 찾는 대신 다른 방법을 떠올렸다. 문제는 주말이 될 때까지 핸드폰을 사용하지 못한다는 데 있었다.

"아니면 태수랑 영화 보든지."

아름이 던지듯 말했다.

"절대로! 이런 음모에 굴할 수는 없지."

란희를 응시하던 파랑이 노트 한 장을 넘겨 끄적이기 시작했다.

"일단 이 4개 숫자로 만들 수 있는 경우의 수를 모두 생각해 보자."

메모를 마친 파랑이 노트를 보여 주었다.

"뭘 어떻게 하는 거야?"

"0, 1, 3, 6 이렇게 4가지라면서. 그 4가지 숫자가 첫 번째 자리에 올 수 있고, 각각에 대해 두 번째 자리는 첫 번째 자리에 온 숫

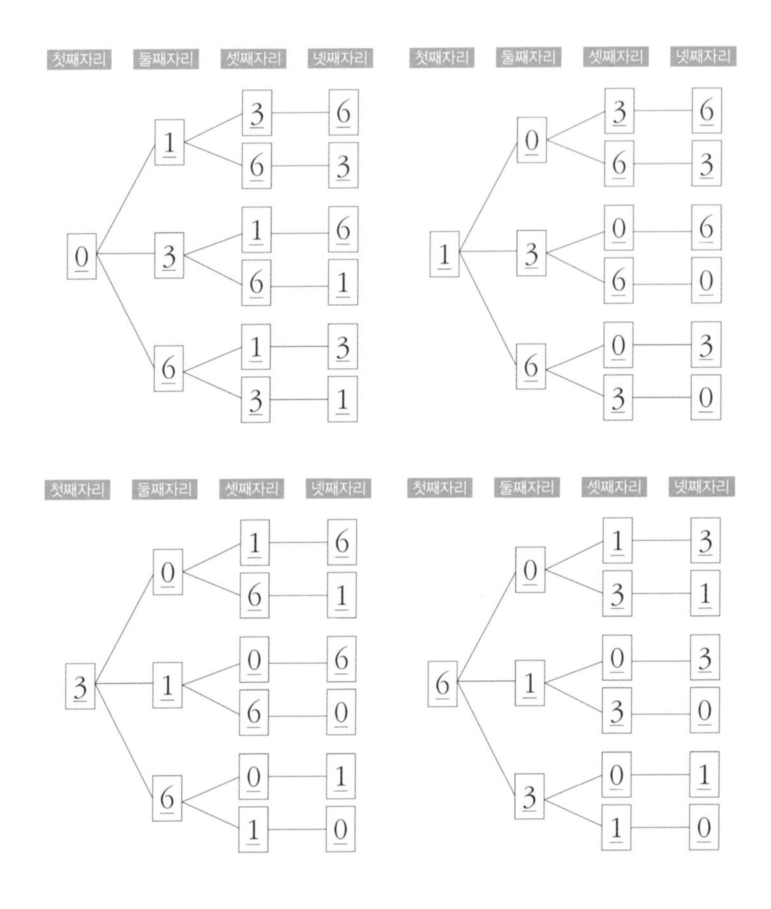

자를 제외한 3가지, 세 번째 자리는 2가지, 네 번째 자리는 1가지만 가능해. 그러니까 총 $4\times3\times2\times1=24$. 24가지 경우가 생기는 거지. 이거 보면서 24번만 입력하면 되겠네."

란희는 파랑의 말에 따라 0136부터 입력하기 시작했다. 투덜대며 숫자를 입력하다 보니 0613에서 비밀번호가 풀렸다.

"아~ 됐다!"

"그런데 왜 0613이야? 네가 풀 수 있는 비밀번호라고 했잖아."

아름이 의문을 제기했다.

"0613? 나랑 태수랑 사귀기로 한 날?"

"아."

"어이없다. 어쩌라는 거야."

란희는 사진첩에 들어가 태수와 함께 찍은 사진을 가차 없이 삭제했다. 그러고 나니 태수가 보낸 새 메시지가 눈에 들어왔다.

– 차라리 나한테 화를 냈으면 좋겠다. 너랑 제대로 한번 얘기해 보고 싶어.

"미쳤냐."

란희는 핸드폰에다 대고 대꾸한 다음 그 메시지도 가차 없이 지웠다.

2장

최대 관심사

그녀? 그녀!

반듯하게 정리된 침대와 간단한 필기구가 놓여 있는 책상은 파랑의 영역이었다. 영어 문제집을 풀던 파랑은 시간을 확인하고 자리에서 일어났다. 기척을 느낀 룸메이트 인수가 파랑을 향해 돌아앉았다.

"그 얘기 들었냐? 1반 애가 귀신 봤대."

"귀신?"

"왜 건국관 뒤쪽에 안 쓰는 컨테이너 창고 있잖아. 그 앞에서."

"귀신이 어디에 있어."

파랑은 귀신을 믿지 않았다. 설사 있다 하더라도 눈에 보이지도 않고, 아무런 해를 끼치지도 않는 귀신을 두려워하는 게 좀 이상해 보였다.

"전에 과학고가 폐교된 이유도 귀신 때문이었대."

인수가 계속 호들갑을 떨었지만, 파랑은 무심하게 나갈 준비를 했다.

"어디 가게?"

"동아리 방에."

"너희도 축제 준비해?"

"아니. 우린 계획 없어. 오늘 홈페이지에 학생 게시판 오픈하니까 들어와 봐."

"아, 오늘이구나. 이따 들어가 볼게. 그리고 나 물어볼 게 있는데…."

"수학? 다녀와서 봐줄게."

"아니, 수학 문제가 아니라. 박태수랑 허란희랑 재결합했다는 거 진짜야?"

인수의 눈이 반짝반짝 빛났다.

"아니야."

"정말 아니야?"

파랑이 단호하게 아니라고 했지만, 인수는 재차 물었다.

"응. 아니야."

"아, 아깝다. 나 재결합에 걸었는데."

"내기했어?"

파랑의 미간이 찌푸려졌다. 하지만 인수는 눈치 없이 계속 말을 이었다.

"응. 우리 반 애들끼리 내기했거든. 아깝다. 조금의 가능성도 없을까?"

“전혀.”

파랑은 무뚝뚝하게 대답하고는 기숙사 방을 나섰다. 요즘 학교는 태수와 란희 얘기로 시끄러웠다. 보란 듯이 따라다니는 태수에게 대놓고 면박을 주기 시작한 란희의 이야기는 아이들에게 꽤나 흥미로운 얘깃거리였다. 파랑은 내색하지 않았지만, 그 소문들이 이상하게 신경 쓰였다.

동아리 방에는 이미 노을과 란희, 아름이 자리를 잡고 있었다. 지난 시간에 본 수학 쪽지시험에 대한 얘기가 한창이었다. 정태팔은 시험 범위가 아닌 부분에서 문제를 내는 만행을 저질렀고, 덕분에 만점을 받은 사람은 파랑과 태수 정도였다.

“아, 좀 더 잘 찍을 수 있었는데.”

노을의 얼굴에 아쉬움이 가득했다. 노을은 이번 쪽지 시험에서 찍은 문제의 반을 맞히는 신공을 발휘했다.

“몇 번으로 찍는 게 제일 좋아?”

아름이 진지하게 묻자 란희가 대꾸했다.

“필 가는 대로 찍는 거지. 느낌이 중요해.”

“아니지. 무조건 4번. 그게 제일 확률이 높아. 그게 나의 비결이라고.”

“아니야. 자신의 감을 믿어야 해. 난 전에 수학 주관식도 찍어서 맞혔어.”

“신 내렸냐?”

노을이 피식 웃으며 모니터로 시선을 돌렸다. 란희는 어려서부터 이상할 정도로 찍는 운이나 당첨 운이 좋았다.

파랑이 자리에 앉자, 노을이 마우스를 쥐었다.

"자, 파랑이까지 왔으니까 오픈한다! 하나, 둘, 셋!"

란희와 아름도 모니터를 노려보았다. 게시판이 열리자, 누가 먼저랄 것도 없이 글을 작성하기 시작했다.

첫 번째 게시글은 란희가 차지했다. 게시글은 단 한 줄이었다.

— '1빠.'

그 뒤로 '드디어 오픈'이라고 쓴 아름과 '게시판 test'라고 쓴 파랑의 게시글이 하나씩 올라갔다.

"드디어 오픈했네."

노을이 감격한 듯 모니터를 향해 중얼거렸다.

"며칠이면 끝날 일을 반 년 가까이 하다니, 이것도 재능이다."

"그럼, 그럼."

란희의 핀잔에도 노을은 굴하지 않았다. 그는 뿌듯한 얼굴로 게시판을 응시했다. 오픈한다고 미리 말해 놓았기 때문인지 한 시간도 지나지 않아서 동아리별 게시판에 축제 관련 글들이 올라오기 시작했다.

"글 벌써 30개 올라왔어."

아름의 말대로 게시판은 대성공이었다.

"다 내가 잘 만든 덕분이지."

"그래. 모처럼 잘했네, 잘했어."

란희가 동의하자 노을의 콧대가 하늘을 찌를 듯이 올라갔다. 그때였다. 앞문이 열리고, 류건이 들어왔다. 올림피아드에서의 소동이 있었지만, 그는 아무런 일도 없었던 것처럼 학교에 남았다.

"선생님! 게시판 보셨어요?"

아름이 눈을 빛내며 묻자, 류건이 고개를 끄덕였다.

"수고했다. 전달사항이 있어서 왔다. 축제 관련 내용은 모두 알고 있지? 뭘 할지 이번 주까지 결정하면 되는데, 계획은 세우고 있는 건가?"

"안 해도 되는 거죠?"

"반에서 따로 준비하는 경우도 있으니 자율이다."

류건의 말에 노을은 당당하게 안 한다고 외치려고 했다. 하지만 이어지는 말에 노을의 눈이 동그래졌다.

"단, 축제에 참가하는 동아리에 한해서 지원금 50만 원이 나올 거다."

"해야죠. 합니다! 아이템도 거의 다 생각했어요."

노을이 재빨리 답했다. 이것은 기회였다.

지원금을 받아 사고 싶은 아이템들이 노을의 머리 위로 뱅글뱅글 돌아갔다. 동아리 방에 작은 냉장고가 하나 있었으면 했다. 그리고 낮잠을 잘 수 있는 소파가 있어도 좋을 것 같았다.

"그래. 그럼 정리해서 교무실로 가져와."

"네!"

아이들이 입을 모아 답했다. 몇 가지 전달사항을 늘어놓은 류건이 나가자마자 아름이 노을에게 다가갔다.

"생각해 둔 게 있었어?"

"아니."

노을이 당연하다는 듯 대꾸했다.

"그럼?"

"지금부터 생각해야지. 지원금이 50만 원인데!"

"어이구. 돈 때문에 그 귀찮은 걸 하냐. 예산 빠듯할 거야. 첫 축제라 현수막도 만들고, 홍보도 따로 해야 하고, 장소도 꾸며야 하고. 준비할 게 한둘이 아니거든. 다른 동아리는 몇 주 전부터 준비했다고."

투지에 불타오르는 노을을 향해 란희가 핀잔을 줬다.

"돈 안 드는 걸로 하면 되지."

"돈 안 드는 거?"

"응. 컴퓨터 부니까. 컴퓨터로 할 수 있는 걸 해 보지, 뭐."

"그리고 뻥땅을 치시겠다?"

"그렇쥐."

노을의 잔머리가 빠르게 돌아가기 시작했다. 그리고 란희가 보던 익숙한 표정이 얼굴에 떠올랐다. 새로운 일을 꾸밀 때 꼭 나오는 표정이었다.

"그으래. 제발 사고만 치지 마라."

"안 쳐. 걱정하지 마. 간단하고 안 귀찮으면서도 재밌는 걸 찾을 거야!"

"그런 게 어딨냐."

란희는 곧 관심을 끄고 파랑이 준 노트를 읽기 시작했다. 꼼꼼하게 메모가 되어 있어서 노트를 읽기만 해도 수업을 들은 것 같은 느낌이었다.

노을은 비협조적으로 나오는 란희 대신 아름에게로 시선을 돌렸다. 아름은 유난히 눈을 반짝이며 노을을 쳐다보고 있었다.

노을이 물었다.

"요즘 우리 학교에서 제일 핫한 게 뭘까?"

"태수랑 란희."

잠시 고민하던 아름이 대답했다.

"그거 말고."

고심하던 아름은 파랑을 응시했다.

"란희랑 파랑이?"

"파랑이는 왜?"

"삼각관계라고 소문났거든. 태수가 파랑이를 견제한 게 란희 때문이었다. 뭐 그런?"

"그거 재밌네."

노을이 낄낄거리자 란희가 인상을 썼다. 하지만 대꾸하지는 않았다. 자신도 그런 소문이 돈다는 것쯤은 알고 있었다. 역시 이래서 소문은 믿을 게 못 되는 거다. 아니 땐 굴뚝에 연기가 폴폴 나고 있지 않은가.

"어쨌든 결국 연애 라인이 궁금하다 이거네."

"아무래도 그렇지. 벌써 우리 반도 세 커플이나 나왔거든."

아름은 부러운 얼굴이었다.

"다른 건?"

"아! 귀신. 1반 애가 귀신 봤대."

"귀신? 귀신의 집 같은 거 할까? 으음. 아니야. 그건 너무 뻔하고 돈도 많이 들 거야. 탈락."

노을은 노트에 적어 놓은 '란희와 태수, 파랑, 귀신'이라는 단어를 가만히 노려보았다. 아이디어가 떠오르지 않자 학교 홈페이지로 시선을 돌렸다. 커뮤니티에 올라오는 글을 확인해 보니 귀신 얘기가 압도적으로 많았다.

직접 봤다는 목격담을 올린 아이는 둘뿐이었지만, 건국관 뒤에 있는 컨테이너에서 귀신 소리를 들었다는 아이들은 꽤 되었다.

"귀신. 귀신. 귀신."

중얼거리던 노을이 넌지시 말했다.

"우리 심심한데 귀신이나 잡으러 갈까?"

"아니."

란희가 잽싸게 대답했다.

"왜? 재미있을 것 같지 않아?"

"전혀~! 귀신이 어딨냐."

"왜. 있을 수도 있지."

"없어. 없어."

란희가 질색하자 노을이 씨익 웃었다.

"설마 무서운 건 아니겠지?"

"아니거든! 없으니까 없다고 하는 거지."

발끈하던 란희는 장난기 어린 노을의 눈을 보고 멈칫했다. 불길했다. 그리고 불길한 예감은 빗나가는 법이 없었다.

"그럼 확인해 볼래?"

불길한 예감

"귀신이 정말 있는 건 아니겠지?"

노을이 모니터를 보며 물었다.

"있어."

피피의 답은 간단명료했다.

"정말? 역시 귀신은 존재하는 건가?"

"귀신은 초인간적이며 초자연적인 능력을 발휘하는 주체라고 믿는 대상이야. 한국민족문화대백과에 나와 있어."

"뜻을 물어본 게 아니잖아. 실제로 존재하느냐고오."

"목격담이 넘쳐 나는걸. 이렇게 많은 사람이 거짓말쟁이라는 것보다는 귀신이 있다고 보는 게 합리적이겠지."

노을은 그들이 모두 거짓말쟁이일 수도 있다는 말은 하지 않았다. 피피의 동심은 파괴하고 싶지 않으니까.

"흐음."

"근데 귀신은 왜?"

"요즘 학교에 귀신이 나온다는 소문이 들려서. 아, 오늘 나 좀 늦을 거야. 인터넷이 끊기기 전에 못 돌아와."

노을은 손전등을 챙겨 들고 일어났다.

"어디 가는데?"

"귀신 잡으러. 자고로 귀신은 밤 12시 이후에 나타나거든."

"다녀와."

노을은 노트북을 향해 손을 흔들어 보였다.

밤 10시가 되면 기숙사와 도서관을 제외한 모든 건물의 입구가 폐쇄된다. 기숙사 입구는 당직 경비가 항상 지키고 있는데, 10시가 넘으면 들어갈 수는 있지만 나올 수는 없었다.

노을은 아이들과 약속한 9시 30분에 기숙사를 나섰다. 기숙사 앞 벤치에 앉아 있는 파랑과 아름, 란희가 보였다. 관심 없다면서 모두 나와 있었다. 노을의 얼굴에 절로 미소가 지어졌다.

아이들은 일단 도서관에서 시간을 보냈다. 그리고 12시가 되자, 누가 먼저랄 것도 없이 일어났다. 아이들은 아무런 말없이 이상한 소리가 들린다는 컨테이너 창고를 향해 걸었다. 12시가 넘은 시간이라 인적은 없었다. 도서관과 기숙사를 제외하고는 불이 켜진 건물도 없었다.

게다가 목적지가 있는 건국관 방향에는 빈 건물이 많았다. 앞으로 신입생이 두 번은 더 들어와야 모든 건물이 가득 찰 것이다.

인적이 느껴지지 않는 건물 옆을 지나갈 때는 앞서가던 노을의 발걸음도 느려졌다. 큰소리를 치긴 했지만, 막상 이런 상황이 되니 불안했다.

아름은 란희의 옷자락을 붙잡았다.

“지금이라도 돌아갈까?”

“그럴까?”

못 이기는 척 돌아가려던 란희는 노을의 비웃음과 마주해야 했다.

“설마 쫀 건 아니지?”

노을의 도발에 란희는 입을 다물었다. 아름은 란희의 옷자락을 더욱 세게 부여잡고는 주위를 살피며 말했다.

“그런데 이러다 걸리면 혼나는 거 아니야?”

“혼나겠지.”

노을이 대수롭지 않다는 듯 답했다. 여유로운 척했지만 사실 노을 역시 바짝 긴장하고 있었다. 이러다 정말 귀신이라도 나오면 어쩌지.

‘에이, 귀신은 무슨. 피피도 존재하는 세상에.’

애써 마음을 다잡으며 걸음을 옮기다 보니 컨테이너 창고 앞에 도착했다.

아이들은 우선 멀찍이 떨어져서 컨테이너 창고를 응시했다. 녹슨 철문과 찢어진 방충망이 어우러져 그로테스크한 분위기를 풍겼다. 창고를 쳐다보며 한동안 서 있었지만 아무런 소리도 들리지 않았다. 란희는 안도하며 의기양양하게 말했다.
“거봐. 귀신은 무슨.”
그때였다. 어디선가 낮고 스산한 소리가 들려왔다.
“꺄.”
자신도 모르게 소리를 지른 아름이가 란희의 어깨에 얼굴을 묻었다. 정체를 가늠할 수 없는 스산한 소리는 컨테이너 쪽에서 들려오고 있었다.
“가 보자. 진짜 귀신이면 대박이다.”
노을은 겁도 없이 앞장서기 시작했다. 호기심이 두려움을 이긴 것이다.
“진또라이! 가, 같이 가.”
란희도 어쩔 수 없이 노을의 뒤를 따라갔다. 창고를 향해 다가가는데 또 한 번 소리가 들려왔다.
“으힉!”
처음에는 잘못 들었다고 믿고 싶었다. 하지만 연달아 들려오자, 소리를 내는 ‘무언가’가 존재한다는 쪽으로 생각이 기울었다. 덕분에 앞서가던 노을의 발걸음에서도 망설임이 느껴졌다. 으슬으슬 몸이 떨려 왔지만, 이제 와서 돌아가자고 할 수도 없었다.
노을은 침을 꼴깍 삼키고는 녹슨 철문 앞으로 다가갔다. 잠금장치는 부서진 상태라 손잡이만 돌리면 문을 열 수 있을 것 같았다. 크게 심호흡한 노을은 기세 좋게 문을 밀었다. 그러곤 자신도 모르게 눈을 질끈 감았다가 떴다.

창고 안은 숨이 막힐 정도로 깜깜했다. 노을은 손전등으로 내부를 비추며 컨테이너 창고 안으로 들어섰다. 회의용 테이블과 책장, 사물함이 어지럽게 놓여 있었다. 한쪽 구석에는 허름한 소파도 뒤집어져 있었다.

"아무것도 없는데. 여기가 아닌가?"

마지막으로 들어선 파랑이 담담하게 말했다. 그때 또다시 이상한 소리가 들려왔다.

"뭐, 뭐지?"

노을은 주변을 두리번거렸고 아름과 란희는 서로를 부둥켜안았다. 파랑은 소리가 나는 곳을 찾다가 창고 구석에 뚫려 있는 구멍을 발견했다. 소리는 그 구멍을 통해서 새어 나오고 있었다.

"바람 소리네."

아이들이 구멍 앞으로 옹기종기 모여들었다.

"1학기 때는 귀신 소리 들린다는 얘기가 없었잖아. 왜 갑자기 이런 소리가 들리기 시작한 거지?"

주위를 두리번거리던 파랑은 구멍을 가리고 있던 것으로 추정되는 나무판을 집어 들었다.

"누가 치웠나 봐."

나무판을 구멍 앞에 놓자, 바람 소리가 거짓말처럼 사라졌다. 그러고 보니 동아리 방 곳곳에 누군가 뒤진 흔적이 역력했다.

“도둑이라도 들었나? 왜 전에 도둑 들었잖아.”

노을은 텅 빈 책장을 보며 말했다. 책장에 있었을 책들은 모두 바닥에 어지럽게 떨어져 있었다.

“그냥 오래 방치된 거겠지. 여길 털어서 뭐해.”

걸음을 옮기던 란희는 책 한 권을 밟고 걸음을 멈췄다.

“이클립스? 이거 우리 동아리 방에도 있는 책이다.”

란희의 말에 노을의 손전등이 책 표지를 비췄다.

“맞다. 컴퓨터 프로그래밍 책이네.”

이곳저곳을 응시하던 파랑이 란희를 돌아보며 말했다.

“뒤진 게 맞는 것 같은데.”

“왜?”

“창틀에 있는 먼지를 봐. 곳곳에 있는 먼지의 양이 달라. 손자국도 보이고. 얼마 전에 누군가 뒤진 것 같아. 그러다가 저 나무판을 건드린 게 아닐까.”

“그럴싸한 가설이네. 그런데 여기가 뭐라고 뒤진 거지?”

란희는 손전등으로 여기저기를 비춰 보기 시작했다. 뒤집어진 소파와 테이블, 사물함, 책장이 전부였다. 바닥에는 책과 깨진 액자가 어지럽게 굴러다니고 있었다.

“빠, 빨리 나가자.”

아름은 영 불안한 모양이었다. 그때 란희가 들고 있던 손전등의 빛이 깨진 액자를 향했다.

"해커스??"

란희의 말에 노을이 다가섰다. 액자에 들어 있는 것은 신문기사였다. 한국과학고등학교 동아리 해커스에 관한 기사를 스크랩한 것이었다.

"여기가 해커스 동아리 방이었나 봐."

"류건 쌤 동아리?"

아름은 새삼스레 방 안을 돌아보았다. 그때 노을의 시선이 사물함으로 움직였다. 사물함에는 '∞' 표시가 이름표처럼 붙어 있었다.

"류건 쌤 사물함이다!"

"류건 쌤?"

"∞는 류건 쌤이고 8은 정태팔을 의미해. 왜 정육면체에도 있었잖아. '8과 ∞는 영원하다.' 두 사람, 기숙사도 같은 방 썼어."

"헐, 근데 그걸 어떻게 알았어?"

"어? 그냥 어쩌다 보니까."

피피에 대한 이야기를 할 마음이 없는 노을은 그냥 얼버무렸다.

류건의 사물함이 발견되었다는 말에 아름이 호기심을 갖고 다가섰다. 하지만 사물함은 텅 비어 있었다. '8'이라는 이름표가 붙은 옆 사물함에는 책 두어 권이 들어 있었다. 책에 적혀 있는 '정태팔'이라는 세 글자가 노을의 말을 증명해 주었다.

사물함 문을 닫으려던 아름은 문 안쪽에 무언가가 붙어 있는 걸 발견했다.

"사진이다!"

아름의 말에 란희가 다가섰다.

"정말?"

사진 속에는 교복을 입은 정태팔과 류건 그리고 한 여자가 나란히 서 있었다.

란희가 사진에 손을 뻗었다. 떼어 내려던 건 아니었는데 접착력이 약해졌는지 떨어져 나왔다.

"이 여자, 어디서 본 것 같은데."

란희가 눈을 가늘게 뜨고 사진을 노려보았다. 옆에서 기웃거리던 아름이 사진을 빼앗듯이 가져가더니 뒤집어 보았다. 사진 뒤편엔 작은 글씨로 'X♥8'로 시작되는 글귀가 쓰여 있었다. 아름은 자신도 모르게 그 글귀를 소리 내어 읽었다.

"X는 무슨 생각일까. 미지수인 너를 풀 수 있는 방정식이 있다면. 그리고 그 방정식의 답이 8이라면 좋을 텐데??"

"문학소년 나셨네. 정태팔이 이 여자 좋아했나 봐. 으~ 오글거려. 아! 이 여자가 그 여자인가 봐. 정육면체에 있던 해커스 12기 여자 캐릭터."

란희의 등 뒤로 다가온 노을도 사진을 확인했다.

"어, 그러네. 캐리커처랑 똑같이 생겼잖아."

노을도 사진을 흥미롭다는 듯 봤지만, 곧 관심을 거두고 책장

쪽으로 걸음을 옮겼다.

정육면체를 실제로 보지 못한 아름은 고개를 갸웃거렸다. 그럴 리가 없는데 어디서 본 것 같은 느낌이었다. 하지만 언제 어디서 봤는지는 쉽사리 떠오르지 않았다. 그때 아름의 시선에 한 사물함이 들어왔다.

유독 그 사물함만 닫혀 있었다. 'X'라는 이름표가 붙어 있는 사물함이었다.

"X."

아름은 무언가에 홀린 듯 쪼그리고 앉아 사물함을 응시했다. 네 자리 숫자를 돌려서 맞추는 자물쇠까지 걸려 있었다.

아름은 자물쇠를 이리저리 흔들어 보았다.

"그래서 열리겠냐."

옆에 함께 쪼그리고 앉은 란희가 말했다.

"비밀번호를 모르는걸."

아름이 아쉽다는 듯 자물쇠를 놓는데, 자물쇠 아래에 매직으로 쓰여 있는 스티커가 보였다.

"101분의 99?"

"힌트인가? 분자랑 분모를 더하면 200? 아니다. 한 자리가 더 필요한데."

란희가 관심을 보이자 파랑이 다가왔다.

"비밀번호를 기억하는 방식 같은데. 나 같으면…."

“너 같으면 뭐?”

잠시 고심하던 파랑은 곧 해답을 찾아냈다.

“순환소수야.”

“뭐?”

“99를 101로 나누면 $\frac{99}{101} = 0.980198019801\cdots = 0.\dot{9}80\dot{1}$ 이런 식으로 소수점 아래 첫째 자리에서부터 9801이 한없이 반복되는 순환소수가 나오거든.”

“그럼 9801이 비밀번호인 거?”

아름은 반신반의하며 번호를 맞춰 보았다. 그러자 거짓말처럼 사물함이 열렸다. 사물함 안에는 작은 상자가 있었다. 상자 안에는 사진과 편지들이 들어 있었다. 사진들에는 대부분 정태팔, 류건의 모습이 함께 담겨 있었다.

아이들은 사진을 뒤로하고 편지를 읽기 시작했다. ‘8’과 ‘∞’가 ‘X’에게 보냈던 편지를 보다 보니 두 사람 모두 ‘X’를 좋아했다는 게 느껴졌다. 특히 ‘8’의 편지에선 열렬한 감정이 묻어났다.

널 좋아해. 난 잘생기지도 않았고, 키도 작아. 널 재미있게 해 줄 만큼 유머가 있지도 않고. 알잖아, 내 개그 썰렁한 거. 그래서 이런 내가 고백하는 게 한편으로는 미안하기도 해. 하지만 널 좋아해. 널 지켜 주고 싶어. 직접 말하고 싶지만, 그러면 네가 정말 당황할 것 같아서 편지를 쓴다. 나에게 한 번만 기회를 줘. 정말 잘할게.

"눈물이 앞을 가리는구나."

편지 하나를 낭독한 란희는 다른 편지도 꺼내 들었다.

우리 어색해진 것 같아. 점점 멀어지는 것 같기도 해. 그러지 않았으면 좋겠다. 난 이제 널 안 보고는 못 살 것 같아. 그러니까 네가 부담스럽지 않도록 할게.

"헐, 숨 막히게 부담스러워."

그 외에도 영원히 믿음을 지키겠다는 둥 너 말고 다른 사람은 생각해 본 적 없다는 둥 오그라드는 문장 일색이었다.

편지의 맥락을 보니 정태팔은 한 번 거절당한 듯했다. 어쩌면 여러 번.

"결국 차였네, 차였어."

란희는 안타깝다는 듯 한숨을 내쉬며 말했다. 반면 '∞'의 편지는 담백한 편이었다. 그렇다고 감정이 완전히 숨겨진 것은 아니었지만.

그리고 동글동글한 글씨로 쓰인 편지도 있었다. 편지에는 이렇게 쓰여 있었다.

미안해. 하지만 후회는 하지 않아.

간단한 내용이었다.

발신자 이름을 적는 칸에는 'X'라고 되어 있었지만, 수신자란은 비어 있었다. 써 놓고 보내지 못한 것 같았다.

"10년 전이나 지금이나 사랑이 문제네. 역시 인류의 적은 삼각관계인 거지. 세계 평화를 위협하는 심각한 문제야."

감상을 중얼거린 란희는 다른 곳을 살펴보기 시작했다.

이곳저곳을 더 뒤져 봤지만, 별다른 건 나오지 않았다. 해커스 동아리 방에 남은 것은 과거 삼각관계의 흔적뿐이었다.

"어쨌든 귀신은 없었어. 내일 밥은 노을이 네가 사는 거지?"

"그래라. 언제는 안 그랬냐."

란희는 신이 나는지 깔깔거렸다. 그러다 목소리가 크다고 느꼈는지 손으로 입을 틀어막았다. 이 시간에 학교 안을 돌아다니다니. 들키면 크게 혼날 일이었다.

"나, 나가자."

란희가 먼저 나가고 파랑과 노을이 따라 나갔다. 마지막으로 남은 아름은 컨테이너 안을 한 번 더 돌아보고는 아이들의 뒤를 따라갔다. 컨테이너를 나서는 아름은 어쩐지 풀이 죽어 있었다.

고백합시다

일요일 오후, 동아리 방에 모인 아이들은 각자 하고 싶은 일을 하며 시간을 보내고 있었다. 아름과 란희는 숙제를 했고, 파랑은 언제나처럼 문제집을 풀었다. 반면 노을은 노트를 앞에 펼쳐 놓고 멍하니 앉아 있었다. 그러다 란희를 한 번, 파랑을 한 번 응시하고는 결심한 듯 외쳤다.

"그래! 그걸로 하자. 고백 프로그램!"

자신만만한 노을의 말에 아름이 고개를 갸웃했다.

"고백 프로그램? 그게 뭐야?"

"일단 우리 학교 학생들을 남자 그룹이랑 여자 그룹으로 나눠. 그다음에 한 명씩 자기 이름이랑 자기가 좋아하는 애 이름을 입력하는 거지. 나중에 확인해 보면 서로 상대의 이름을 쓴 아이들이 생길 거고."

"아무래도 있겠지?"

"축제 날 아이들이 부스에 와서 자신의 이름을 입력해. 그때 자기가 입력한 상대방도 자신을 선택했으면 커플 이미지가 출력되는 거지. 자, 친절하신 노을님이 순서도를 보여 주마."

노을이 노트에 순서도를 끄적이기 시작했다.

순서도

어떤 문제를 해결하기 위해 필요한 일의 처리 순서를 약속된 기호를 사용하여 그림으로 나타낸 것을 순서도라고 한다.

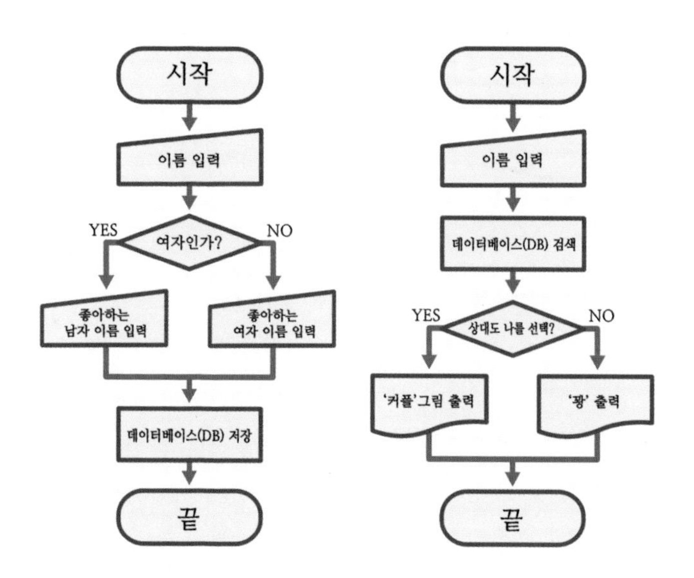

기호	기호의 의미
	순서도의 시작과 끝을 나타낸다.
	실행 순서, 처리 과정의 진행 경로를 나타낸다.
	실행, 명령, 연산 등 모든 처리 기능을 나타낸다.
	조건에 따라 어느 경로를 택할 것인지를 결정한다.
	키보드 등으로 입력하는 것을 나타낸다.
	인쇄하는 출력 기능을 나타낸다.

"괜찮다! 재밌을 것 같아. 참여율도 높을 것 같고."

순서도를 살펴보던 아름이 관심을 보였다.

"그렇지? 입력하다 보면 자연히 홍보는 될 거고. 우리가 할 건 아무것도 없어. 프로그램만 만들면 돼."

의기양양해진 노을이 노트를 란희의 눈앞에 가져다 대고 흔들었다.

"그러다 정보 유출되면? 아니면 누가 내 이름으로 다른 사람을 입력하면? 그리고 확인할 때 내 정보를 누군가 보면? 무엇보다도 진노을 네가 다 볼 거 아니야."

노트를 훑어보던 란희가 하나하나 딴죽을 걸었다.

"그 부분까지 고려해서 만들지, 뭐. 비밀번호 입력하는 항목을 추가할게. 그리고 유출 부분은 암호화해서 저장하면 돼. 그럼 나도 귀찮아서 못 봐."

"그렇게 만들 수 있겠어?"

"왜 이래. 나 진노을이야. 그 정도는 아무것도 아님."

으스대는 노을을 향해 란희가 의심스럽다는 눈빛을 발사했다.

"그렇쥐. 네가 진노을이지. 너 겁나 게으르잖아. 학교 게시판도 반 년 가까이 만들었으면서. 내년 축제에나 써먹을 수 있겠네."

"지원금을 위해서라면 기꺼이 부지런해질 수 있어."

피피 덕분에 매일매일 실력이 수직 상승 중인 노을에게는 하루면 만들 수 있는 프로그램이었다. 순식간에 축제에 대한 생각으로 꽉 찬 노을은 노트의 다음 장을 펼치고 아이디어를 끄적이기 시작했다.

그 모습을 지켜보는 란희는 불안했다. 이번 일 역시 잘못하면 대형사고로 이어질 수 있었다. 만약 누가 누굴 적었는지 모두가 알게 된다면…. 생각만 해도 끔찍했다. 하지만 말린다고 해서 들을 진노을이 아니었다.

어쩐지 이번 축제도 조용히 넘어가지는 않을 것 같았다.

확률은 50%

동아리 방을 향하는 란희의 발걸음은 평소보다 조금 가벼웠다. 콧노래까지 흥얼거리며 발랄한 템포로 걷는데 4반 여자애 3명이 란희 앞을 가로막았다. 포위하듯 둘러싼 여자애들의 기세등등한 모습에 란희가 픽 웃었다.

앞으로의 전개는 뻔했다. 노을이와 무슨 관계냐는 둥, 아무런 관계가 아니면 잘되게 밀어 달라는 둥 그런 뻔한 전개 말이다. 아니나 다를까 가운데에 선 안경 쓴 여자애가 날카롭게 물었다.

"허란희, 너 진노을이야? 임파랑이야? 박태수야?"

"뭐?"

비슷한 장르이기는 했지만, 예상을 살짝 비켜 간 질문이었다.

란희는 난감함에 볼을 긁적였다. 본의 아니게 많은 남자와 엮인 모양새였다. 게다가 현재 수학특성화중학교에서 가장 핫한 소년들이 아닌가. 자신에게 주어진 3가지 보기를 떠올린 란희는 기세등등하게 서 있는 세 사람을 훑어보았다. 란희가 아무런 대답도 하지 않자, 다시 안경이 나섰다.

"노선을 확실히 해! 누구야?"

"내가 왜 그래야 하는데?"

"뭐? 어장 관리하다가 양다리라도 걸치겠다는 거야?"

"그래 볼까아?"

란희가 놀리듯 말하자, 세 얼굴이 붉으락푸르락해졌다.

"야! 허란희!"

"친하지도 않으면서 왜 자꾸 불러. 남의 일에 신경 끄지."

"그냥 말하면 되잖아. 셋 중에 누군지."

"설마, 내가 셋 중의 한 명을 고르면 나머지 둘이 자동으로 너희에게 관심을 보일 거라고 착각하는 건 아니지?"

"뭐? 뭐 이런 게 다 있어?"

"가끔 이런 게 있을 수도 있지. 애써라."

세 사람을 안쓰럽게 바라본 란희는 그대로 계단에 올라섰다. 등 뒤에서 분을 못 이긴 누군가의 욕설이 들려왔지만, 신경 쓰지 않았다.

동아리 방 문을 열자, 노을이 대충 손을 흔들었다. 아름은 그림을 그리고 있었다. 옆에 구겨진 종이가 많은 걸로 보아 몇 번이나 다시 그린 모양이었다.

란희는 아름이 그림 그리는 모습을 지켜보았다. 고백 프로그램 결과지에 프린트될 그림이었다. 한 장은 남자와 여자가 마주 본 채 웃고 있는 장면이고, 다른 한 장은 '꽝'이었다.
란희의 시선이 아름의 현란한 손놀림을 따라 움직였다.
"진짜 잘 그린다."
"이 정도 그리는 애들은 많아."
아름이 부끄럽다는 듯 말했다.
"발 그림 앞에서 그럴 거냐. 잘 그려, 잘 그려."
란희의 말대로 팬아트로 단련된 아름의 그림은 상당한 수준이었다.
"이 정도면 될까?"
아름이 펜을 내려놓고 완성된 그림을 내려다보았다.
"좋은데?"
노을이 노트북을 내밀며 말을 이었다.
"다른 애들은 점심시간에 입력했어. 너희만 입력하면 돼."
란희가 노을을 올려다보았다.
"우리도 해?"
"그럼 당연히 해야지."
"좋아하는 사람이 없으면?"
"제일 괜찮게 생각하는 사람으로. 다들 그렇게 했어."
"네가 나중에 보는 거 아니야?"
란희는 아무래도 노을이 의심스러웠다.
"안 봐. 날 어떻게 보는 거야."

"어떻게 보긴 진노을로 보지."

"안 볼게. 그리고 암호화해서 저장했다니까. 보려면 엄청 귀찮아."

고심하던 란희는 멀찍이 떨어져서 누군가의 이름을 입력했다. 아름과 파랑까지 차례로 입력하고 나자 데이터가 완성되었다. 노을은 눈을 빛내며 출력 프로그램을 만들기 시작했다.

옆에서 지켜보던 란희는 기지개를 켜다가 노을과 파랑을 힐긋거렸다. 조금 전 자신의 앞을 막아섰던 여자아이들은 누굴 좋아하는 걸까.

아름이 란희에게 말했다.

"아무래도 이 프로그램 대박 날 것 같아!"

"뭐, 그럴 것 같긴 해."

"당연하지. 나님이 만드는데."

"네이네이. 그러시겠죠."

노을이 한창 프로그램에 몰입하고 있는데 안내방송이 흘러나왔다. 축제 장소 추첨에 대한 내용이었다. 축제에 참가하는 동아리는 원하는 장소를 미리 적어 냈다. 겹치지 않는 곳을 적어 낸 동아리는 그대로 확정이 되었고, 겹친 동아리는 추첨을 통해 정한다고 했다.

파란노을이 원하는 곳은 스터디 룸인데, 그곳을 원하는 다른 동아리가 있어서 추첨을 해야 했다. 아이들은 쪼르르 일어나 강당으로 향했다.

강당에는 이미 많은 아이들이 모여 있었다. 입구에 서 있던 1반 반장이 노을에게 파란색 공을 내밀었다.

"왜 파란색이야?"

"들어오는 순서대로 나눠 주랬어."

노을이 파란색 공을 들고 단상 위로 올라섰다. 단상 위에는 이미 4명의 아이들이 서 있었다.

추첨을 위해 모인 동아리는 총 일곱 곳이었다. 태수의 손에는 빨간색 공이, 바둑부 부장의 손에는 노란색이 들려 있었다. 다른 아이들의 손에는 각각 주황색, 초록색, 남색, 보라색이 들려 있었다. 아이들이 자리를 잡고 서자 진행을 맡은 정태팔의 목소리가 울렸다.

"축제 참가 동아리 중에 원하는 장소가 겹친 동아리는 모두 일곱 곳이다. 각각 자신의 동아리가 받은 공의 색을 확인해라. 그리고 원하는 장소가 쓰여 있는 상자에 공을 넣으면 된다. 처음 지망했던 곳에서 바꿔도 상관없다."

아이들이 술렁였다. 시작은 빨간색을 받은 태수였다. 태수가 스터디 룸에 공을 넣자, 노을의 미간이 찌푸려졌다. 주황색 공을 쥔 동아리의 차례가 지나가고, 노란 공을 쥔 바둑부 차례가 되었다. 바둑부 역시 스터디 룸에 공을 넣었다. 이쯤 되면 망설여질 법도 했지만, 노을은 자신의 차례가 되자마자 스터디 룸 상자에 공을 넣었다.

스터디 룸은 이미 잘 꾸며져 있기 때문에 별다른 준비가 필요 없었다. 그러니 스터디 룸이 아니라면 어디든 같았다. 노을이 비장한 표정으로 공을 넣고 돌아보자 란희와 파랑, 아름이 손을 흔들고 있는 모습이 보였다.

곧 추첨이 시작되었다. 가장 경쟁이 치열한 스터디 룸부터 추첨하기로 했다.

정태팔은 스터디 룸 상자에 파란색, 노란색, 빨간색 공을 각각 두 개씩 더 넣었다.

"이제 상자 안에는 파란색, 노란색, 빨간색 공이 3개씩 들어 있다. 공을 3번 뽑아서 가장 많이 나온 색깔 공의 동아리가 스터디 룸을 배정받는다. 배정받는 동아리가 정해질 때까지 추첨을 반복한다."

설명을 듣던 란희가 파랑에게 물었다.

"3번 중에 최소 2번만 나오면 되는 건가? 3번 모두 다른 색 공이 나오면 1:1:1로 비기는 거잖아."

"그렇게 될 확률은 $\frac{9}{28}$야. 제법 높지."

"아, 그렇구나."

정태팔이 상자에 손을 넣자 아이들은 말을 멈추고 집중했다. 처음으로 뽑힌 공은 빨간색이었다.

"쳇. 빨간 공이네."

파란색, 노란색, 빨간색 공이 각각 3개씩 총 9개가 들어 있는 상자 속에서 1개씩 3번 공을 꺼낼 때, 일어날 수 있는 모든 경우는 9×8×7=504가지다.

그때 3번 모두 다른 색 공이 나올 경우는 첫 번째에는 9가지 공들 중에 하나가 나오고, 두 번째에는 첫 번째에 나온 공의 색을 제외한 6가지, 세 번째에는 앞에 나오지 않은 색의 공 3가지가 나오는 9×6×3=162가지이다.

따라서 3번 모두 다른 색 공이 나올 확률은

$$\frac{(\text{어떤 사건이 일어날 경우의 수})}{(\text{일어날 수 있는 모든 경우의 수})} = \frac{162}{504} = \frac{9}{28}$$ 이다.

란희는 투덜거렸고, 파랑은 가능성을 점쳐 보았다.

"이제 남은 공은 8개. 이어지는 두 번의 선택으로 일어날 수 있는 모든 경우의 수는 $8\times7=56$가지. 그중, 아직 하나도 뽑히지 않은 3개의 파란색이 연달아 두 번 나오는 경우는 $3\times2=6$가지. 즉 가능한 확률은 $\frac{3\times2}{8\times7}=\frac{3}{28}$, 약 10.7%밖에 안 돼. 아무래도 어렵겠는데."

"확률은 확률일 뿐이라네. 내가 생각하기에 확률은 50%야. 우리가 배정받거나, 받지 못하거나."

"그런 건가."

그리고 거짓말처럼 두 번째에 파란색 공이 뽑혔다.

란희는 주먹을 불끈 쥐고선 다시 상자 안으로 손을 넣는 정태팔을 뚫어지게 바라봤다. 결국, 정태팔의 손에 들려 올라온 것은 파란색 공이었다. 단상 위에 서 있던 노을의 얼굴이 활짝 핌과 동시에 태수의 미간이 찌푸려졌다. 장소를 배정받은 아이들은 우르르 강당 밖으로 나섰다.

"이제 밥 먹으러 가자."

노을이 신나게 말했다. 그러자 란희가 대꾸했다.

"벌써?"

"오늘 메뉴 탕수육이야."

"어떻게 알았어?"

"게시판에 한 달 치 식단 올라온 거 못 봤어?"

"그런 게 올라왔어? 나도 찾아봐야겠다."

어느새 학교 게시판은 여러 용도로 활용되고 있었다.

"아무튼, 오늘 치열할 거야. 빨리 가자."

노을이 보채자 란희와 아름이 따라나섰다. 파랑도 자연스럽게 뒤를 따랐다. 아이들은 식당으로 가기 위해 학교를 가로질러 갔다. 아름은 아이들을 따라가다 후문 쪽에서 서성이고 있는 한 여자를 발견했다.

아름이 여자를 쳐다보며 고개를 갸웃거렸다.

"누구지? 왜 아는 사람 같지?"

아름이 중얼거리자, 노을은 조금 더 주의 깊게 그녀를 살펴보았다.

"지난번에 류건 쌤이랑 있던 여자다. 람보르기니."

노을은 단번에 여자를 알아보았다. 정확하게는 여자 뒤에 세워진 람보르기니를 알아본 것이긴 했다.

"저 여자가 람보르기니라고?"

당시 함께 있지 않았던 란희가 그녀를 뚫어져라 쳐다보며 물었다. 그러자 아름이 고개를 끄덕였다.

"응. 오늘도 류건 쌤 만나러 온 건가?"

아이들은 호기심을 감추지 못하고, 여자 쪽으로 슬금슬금 움직였다.

학교는 외부인 출입이 철저하게 통제되었다. 안으로 들어서지 못하고 후문 앞에 서 있던 여자는 아이들을 발견하고는 최대한 가까이 다가섰다.

"저기 얘들아."

"네?"

"너희 혹시 류건 선생님 아니?"

여자의 질문에 노을이 한 걸음 앞으로 나섰다.

"우리 동아리 쌤인데요."

"그럼, 말 좀 전해 줄 수 있을까? 친구가 후문 앞에서 기다리고 있다고. 정혜연이라고 하면 알 거야."

그 순간 란희의 표정에 장난기가 흘러넘치기 시작했다.

반면 노을의 표정은 경직되었다. '정혜연'은 류건의 상자 속 생일 카드에 적혀 있던 이름이었다. 그리고 정팔면체 안에 있던 이름이기도 했다.

그녀가 'X'였다.

"X야."

작게 중얼거린 노을의 얼굴에서 장난기가 사라졌다. 피피의 말에 따르면 류건은 분명 실종 상태였다. 그런 그를 찾아오다니. 혹시 제로와 연결된 사람은 아닌지 의심스러웠다.

반면 아름과 란희는 'X'라는 말에 격한 반응을 보였다.

그녀는 왜 온 걸까. 아직도 단순히 친구 사이인 걸까. 정태팔은 왜 부르지 않은 걸까. 지금 류건과 정태팔의 사이가 좋지 않은 게 그녀 때문인 걸까.

아이들은 각자의 이유를 안고 정혜연을 살펴보기에 바빴다.

특히 노을의 시선은 집요할 정도였다. 게다가 이상한 일이지만 정혜연의 목소리는 귀에 익었다.

"내가 다녀올게."

자신들이 아직 대답하지 않았다는 것을 인지한 아름이 뒤늦게 교무실을 향해 움직였다. 그 후에도 노을과 란희의 시선은 정혜연에게서 떨어질 줄을 몰랐다.

아이들의 강렬한 시선 때문인지 정혜연은 조금 불편해하는 것 같았다. 그녀를 힐긋거리는 지금의 행동이 예의 없다는 것쯤은 아이들도 알고 있었다.

"아름이한테 식당으로 오라고 문자 보내고, 우린 가자."

"어, 그, 그래."

파랑의 말에 노을이 먼저 몸을 돌렸다. 궁금한 게 많았지만, 직접 물어볼 수는 없는 노릇이었다.

"그래. 탕수육 다 사라질지도 몰라."

란희의 말을 신호로 세 사람은 학생식당으로 서둘러 이동했다. 각자 탕수육을 산처럼 쌓아서 받아 놓고 자리에 앉았다.

"아름이가 늦네. 탕수육 떨어지면 안 되는데."

아름이가 올 때까지 밥만 앞에 두고 다들 멍하니 앉아 있었다. 그때 란희의 핸드폰이 울렸다.

– 저녁은 너희끼리 먹어. 난 먼저 잘게.

"아름이 안 먹는다는데? 그 여자 때문에 충격 받았나?"

란희의 눈썹이 꿈틀댔다. 탕수육을 안 먹는다니 이건 심각한 문제였다. 란희에게 노을이 물었다.

"어떤 여자?"

"X."

"왜?"

"아름이 류건 쌤 좋아하잖아."

"에엑? 정말? 유리수 좋아하는 거 아니었어?"

"몰랐어?"

파랑도 알고 있는 눈치였다. 노을이 당황하는 동안 란희는 앞에 놓인 탕수육을 입에 밀어 넣었다.

3장

과거가 찾아왔다

사라지다

등교 준비를 마친 태수는 여유롭게 기숙사 방을 나섰다. 태수가 방을 나서자 침대 옆에 놓인 전자시계에서 알람이 울리기 시작했다.

밤새 컴퓨터를 갖고 논 노을은 일어나기 싫은 듯 꿈틀거렸다. 무의식적으로 알람을 껐지만 잠시 후 괴성을 지르며 베개로 머리를 감싸야 했다. 이번엔 귀 옆에서 핸드폰 알람이 울렸기 때문이다. 핸드폰 알람을 꺼도 소용없었다. 노트북 화면에 현재 시각이 크게 표시되며 요란한 기상 곡이 울려 퍼졌다.

"제발, 피피. 5분만."

노을이 사정했다. 하지만 피피의 기상 곡은 점점 더 시끄러운 곡으로 바뀌어 갔다.

언제부턴가 피피가 노을의 아침을 깨워 주고 있었다. 노을이 아무리 항의해도 소용없었다. 피피는 학교 가기 싫어하는 아이를 깨우는 엄마처럼 끈질기게 알람을 울려 댔다.

물론 태수가 방을 나갈 때까지 자신이 일어나지 않으면 깨워 달라고 부탁하긴 했었다. 하지만 이 순간이 되면 왜 그런 부탁을 했는지 후회가 되곤 했다.

노을은 결국 몸을 일으켰다. 노을이 눈을 반쯤 뜬 채 욕실로 향하자, 모니터에 스마일 이모티콘이 나타났다.

노을은 샤워를 마치고 교복을 챙겨 입으며 다시 시간을 확인했다. 다행히 오늘도 지각은 아니었다.

"다녀올게."

가방을 든 노을은 기숙사 계단을 뛰어 내려갔다.

밖에는 이슬비가 내리고 있었다. 잠깐 고민하던 노을은 그냥 뛰기 시작했다. 교실을 향해 달리는데 학교 앞에 경찰차가 6대나 늘어서 있었다. 그 뒤에는 정체를 알 수 없는 검은 차들도 정차되어 있었다.

"노을, 그러다 지각해."

느닷없이 들려오는 핸드폰 속 피피의 목소리에 정신을 차린 노을은 허둥지둥 교실 쪽으로 움직였다. 다행히 아직 조례가 시작되지 않은 모양이었다.

파랑이 물었다.

"우산 없었어?"

"다시 올라가기 귀찮아서."

노을이 교복에 묻은 물기를 툭툭 털어 내는 사이에 앞문이 열렸다. 하지만 들어온 사람은 김연주가 아니라 정태팔이었다.
김연주가 수학 관련 세미나에 참석하게 되어서 당분간 임시 담임을 맡기로 했다는 것이다. 노을은 조례에 귀 기울이는 대신 파랑에게 속닥거렸다.
"학교 앞에 경찰차 엄청 많아."
"경찰차?"
"응. 무슨 일일까?"
"글쎄."
파랑이 그다지 큰 관심을 보이질 않자, 노을은 김이 샜다. 노을 혼자 상상의 나래를 펼치는 동안 조례는 끝이 났다. 노을은 정태팔이 나가자마자 뒷문에서 고개를 내민 란희를 발견했다.
"곧 수업 시작할 텐데 뭔 일이냐?"
"그냥 심심해서. 아름이 병원 가서 없거든."
"병원?"
"응. 아파서 아침 일찍 병원 갔대. 전화해도 안 받아."
"어디가 아픈 건데?"
"모르겠어. 나도 정태팔한테 들은 거라서."
"그런데 오늘 김연주 쌤 안 나오셨다."
"진짜? 무슨 일이 있나?"
"그렇지? 수상하지? 아침에 학교 앞에 경찰차가 쫙 깔렸거든. 수상한 냄새가 폴폴 나지 않냐?"

노을은 란희를 교실로 돌려보내고 핸드폰을 꺼내 들었다. 그리고 학교 게시판을 살펴보기 시작했다. 학교 게시판에 올라온 몇몇 글이 시선을 끌었다. 노을은 김연주가 학교에 나오지 않았다는 게시글 아래에 달린 댓글을 읽어 내려갔다. 그러다 노을의 시선이 한 댓글에서 멈췄다.

– 오늘 류건 쌤도 안 나오셨대.

단번에 사건이 터졌음을 직감했다. 그때였다. 노을의 핸드폰이 진동했다. 발신인은 김연주였다.

* * *

수업이 끝난 학교는 한산했다. 운동장과 도서관에는 몇몇 아이들만 남아서 한적하게 시간을 보내고 있었다. 그 모습은 평화로워 보이기까지 했다. 하지만 한곳, 컴퓨터 동아리 방만은 날카로운 분위기가 지배하고 있었다.

항상 넷이 있던 공간에 셋밖에 없었다. 아이들은 하나같이 초조해 보였다.

어젯밤, 아름이 사라졌다. 류건과 함께.

"저번에 그 대회장에 있던 놈들 짓인 건가?"

안절부절못하며 동아리 방을 배회하는 란희의 입술이 파르르 떨렸다. 얼마나 울었는지 눈도 퉁퉁 부어 있었다. 부산하게 움직이는 란희를 지켜보던 노을이 입을 열었다.

"제로가 맞을 거야."

"제로?"

"대회장에 있던 남자들 말이야. 그 단체 이름이 제로야."

"너 뭔가 더 알고 있는 거지? 알고 있는 거 다 말해 봐."

노을은 즉시 정보를 풀어 놓기 시작했다.

"간단하게 말하면 제로는 정보를 사고파는 곳이야. 씨씨라는 프로그램을 이용해서 정보를 수집해. 그 씨씨를 만든 사람이 류건 쌤이고. 이유는 모르겠지만, 씨씨는 미완성이었어. 대회장에서 류건 쌤한테 협박을 했었잖아. 아무래도 그 프로그램을 완성하라는 거였겠지."

"그게 뭐라고 인질극에 납치까지 하는 건데!"

란희가 빽 소리를 질렀다.

"씨씨는 단순한 해킹 프로그램이 아니야. 씨씨의 복사체는 전 세계 인터넷을 통해 퍼져 있어. 감염된 컴퓨터가 하나였던 것이 금방 두 대가 되고, 그 감염된 컴퓨터는 또 다른 컴퓨터를 감염시키지. 얼마 전까지 전 세계 컴퓨터 시스템을 기반으로 한 전자기기의 90%가 씨씨에게 감염되어 있었어. 그리고 감염된 전자기기의 정보는 제로가 열람할 수 있고."

"다단계 방식, 뭐 그런 거야? 미완성 프로그램이었다면서."

"미완성 프로그램이긴 하지만 기본적인 작업은 수행할 수 있었어. 컴퓨터를 훔쳐보는 것 정도는 가능하거든."

"예를 들면?"

"아이피 주소만 알아내면 군사 정보를 가지고 있는 컴퓨터를 볼 수 있는 거지. 한 나라의 무기 보유 현황, 군사 시설 위치, 또 어떤 부대가 어디를 공격할지도 알 수 있게 되는 거야."

"헐."

"누가 어떤 물건을 사고파는지 볼 수 있고, 누구의 재산이 얼마인지도 알 수 있어. 개발 계획이 있는 땅을 미리 사 들여서 막대한 돈을 벌 수도 있고. 아니면 누군가의 약점을 캐내서 협박할 수도 있을 거야. 활용도가 어마어마한 거지."

란희와 파랑은 믿을 수 없다는 듯 노을을 쳐다보았다. 무언가 잘못됐다. 그런 곳에서 아름을 납치했다는 사실을 받아들이고 싶지 않았다.

"그래서 류건 쌤은 씨씨라는 걸 완성한 거야? 대회장에서?"

가까스로 정신을 차린 란희가 노을에게 다시 질문을 던졌다. 그때 분명 남자들이 류건에게 무언가를 완성하라고 지시하는 걸 들었었다.

"응. 맞아."

"완성하면 어떻게 되는데?"

"일부러 특정한 컴퓨터를 찾아서 볼 필요가 없어져. 씨씨가 완전해지면 전 세계 모든 컴퓨터를 한꺼번에 볼 수 있게 되고 수집한 정보를 분류할 수 있게 돼. 컴퓨터를 기반으로 하는 요즘 같은 시대에 씨씨의 관리자는 신이 될 수 있어. 그래서 지금은 경찰도 신뢰할 수 없어. 비리나 숨기고 싶은 비밀이 있는 사람은 제로에게 이용당할 수밖에 없을 거야."

방학 때 동아리 방에서 총을 들이대던 8호라는 남자와 올림피아드에서 있었던 일도 충분히 놀랄 만한 일이었다. 하지만 지금 노을이 하는 말은 믿어지지가 않을 정도였다.

"아저씨한테 들은 거야? 아니면 김 비서님?"

"어? 응."

노을은 얼버무렸지만, 그것으로 충분했다. 애초에 란희가 궁금해했던 것은 정보의 출처가 아니라 신빙성이었다.

"그럼 람보르기니 그 여자가 제로랑 한편이라는 거야?"

"그건 모르지. 그 여자도 같이 납치당한 걸 수도 있고."

"아, 아름이 괜찮을까."

란희의 걱정 수치가 치솟았다. 불안하기는 노을도 마찬가지였다. 아름은 지금 컴퓨터 앞에 앉아 유리수 기사를 찾고 있어야 했다. 아니면 조용한 미소를 지은 채 란희나 노을의 말상대가 되어주거나.

평소 표정 변화가 많지 않은 파랑마저도 초조한 기색을 감추지 못했다. 동아리 방에서 잠시 기다리라는 김연주의 말에 아이들은 무작정 앉아 있을 수밖에 없었다.

탕수육을 먹겠다고 먼저 움직이는 게 아니었다. 아름이 오기를 기다렸다면 상황은 달라지지 않았을까? 넷이나 납치하는 건 그들도 부담스러웠을 테니까. 게다가 노을도 있지 않은가.

드디어 문이 열리고, 김연주가 들어왔다.

"오래 기다렸지?"

그녀에게 아이들의 시선이 집중되었다.

"아름이는 찾았어요?"

달려드는 듯한 란희의 물음에 김연주는 작게 고개를 저었다.

"최선을 다하고 있어."

가라앉은 김연주의 목소리는 불안했다. 그리고 그 불안함은 공기를 타고 아이들에게 퍼져 나갔다.

"류건 쌤이랑 같이 끌려간 게 확실해요?"

란희가 재차 물었지만 돌아온 대답은 그녀가 원한 게 아니었다.

"CCTV로 확인했어. 미안하구나."

란희는 자리에 주저앉았다. 납치라니.

"그래도 무사하겠죠?"

란희는 이게 얼마나 바보 같은 질문인지 알고 있었다. 하지만 묻지 않고서는 견딜 수 없었다. 누군가 아름이 무사하다는 확신을 주길 바랐다.

"그러길 바라야지. 류건 선생님에게 원하는 게 있으니 아름이를 쉽게 해치진 않을 거야. 그래서 말인데, 물어볼 게 있어. 류건 선생님을 찾아왔다는 여자랑 무슨 얘기를 나눈 거니? 최대한 자세하게 말해 봐."

"이름이 정혜연이라고 했어요."

다른 아이들이 머뭇거리는 사이 파랑이 입을 열었다.

"정혜연."

김연주도 알고 있는 이름이었다. 하지만 어떤 것도 놓치지 않기 위해 수첩에 받아 적었다. 파랑이 말을 이었다.

"오른쪽 눈 옆에 점이 있고, 짧은 단발머리예요. 옷은 베이지색 정장을 입었어요. 류건 선생님이랑 동갑일 거고, 한국과학고등학교를 나왔을 거예요. 해킹동아리 해커스 멤버로 류건 선생님, 정태팔 선생님이랑도 친하게 지냈어요."

김연주가 눈을 가늘게 떴다.

"그걸 어떻게 알고 있지?"

파랑은 수학실과 컨테이너에서 있었던 일을 적당히 설명해야겠다고 생각했다.

"전에 수학실 청소하다가 한국과학고등학교 해커스 동아리 부원 소개 글을 우연히 봤어요."

"수학실에서? 또 다른 건?"

파랑이가 고개를 젓자, 이번에는 노을이 입을 열었다.

"류건 쌤이랑 정태팔 쌤이 싸우는 걸 봤어요. 그때 정태팔 쌤이 그랬어요. 정혜연이라는 사람에게 류건 쌤이 나타났다고 말했다고요. 전화번호를 알려 줄 테니 연락해 보라고도 했어요."

"전화번호?"

"네. 류건 쌤이 필요 없다고 하긴 했지만요. 아무튼, 정태팔 쌤이 그 여자 핸드폰 번호를 알고 있어요. 핸드폰 번호를 알면 위치 추적 같은 거 할 수 있지 않아요?"

김연주는 대답 대신 빠르게 '최근까지 정태팔과 연락'이라고 메모했다. 정혜연의 핸드폰 번호는 알고 있었다. 위치 추적도 이미 해 보았다. 핸드폰의 위치는 그녀의 집이었다. 물론 집에는 아무도 없었다.

"고맙다."

노을의 얘기가 실마리가 될 수 있을 것 같았다. 10년 전 수사 기록을 보면 정혜연도 용의자 중 한 명이었다. 하지만 그녀는 씨씨의 존재를 몰랐다는 류건의 증언이 있었다. 게다가 여학생은 남자 기숙사에 들어갈 수 없었기 때문에 자연히 용의선상에서 제외되었다.

'공범?'

김연주는 어쩌면 정태팔과 정혜연이 공범일지도 모른다는 생각이 들었다. 아니, 공범일 확률이 높았다. 어쨌든 그녀가 불러내서 류건이 나간 게 아닌가.

CCTV 영상을 보면 정혜연 역시 끌려간 것처럼 보이지만, 그 정도는 연출할 수 있었다. 게다가 정태팔은 10년간 관찰대상이었다. 그런데 한국과학고등학교 폐교 이후 그와 정혜연이 따로 만난 기록은 없었다. 일단, 어떤 경로로 연락을 주고받아 온 것인지 확인할 필요가 있었다. 김연주는 떠오른 생각을 모조리 메모하고 수첩을 덮었다.

"구해 주실 거죠?"

"당연하지. 아름이의 안전이 최우선이야. 그러니까 선생님을 믿고 기다려 줘."

"꼭 구해 주세요."

파랑이 다시 한 번 부탁했다.

"그럴게. 미안하다. 너희까지 끌어들이게 돼서. 너무 걱정들 하지 말고."

그 말을 마지막으로 김연주는 동아리 방을 나갔다.

그녀가 나가자 분위기는 더욱 가라앉았다. 아름이는 어디에 붙잡혀 있을까. 얼마나 무서울까. 이런저런 걱정들로 머리가 터질 것 같았다.

그녀는 어디에?

책상 앞에 앉은 노을은 노트북 모니터를 한참 노려보고 있었다. 그리고 무언가를 결심한 듯 피피 아이콘을 클릭했다.

"딩동 _ 안녕 노을."

노트북 화면에 떠오른 피피의 이모티콘을 보고도 노을은 웃지 않았다.

"부탁이 있어. 어제 오후 5시부터 학교 CCTV에 찍힌 영상을 보여 줘."

노을의 말이 끝나기가 무섭게 모니터에 CCTV 영상이 펼쳐졌다. 문제가 있다면 한두 개가 아니라는 것이었다. 질릴 정도로 많은 CCTV 영상이 모니터를 잠식해 갔다.

"CCTV가 이렇게나 많아?"

"건물 안에 설치된 것까지 103개야."

"이 정도면 사생활 침해잖아."

노을은 보지 않아도 될 것 같은 CCTV 영상을 지워 나갔다. 중간중간 투덜거리는 것도 잊지 않았다. 후문을 찍은 CCTV 영상 3개만을 남긴 노을은 영상을 보기 시작했다.

"혹시 내가 나온 부분부터 볼 수 있어?"

그러자 화면이 정리되기 시작했다.

영상 속에는 노을과 파랑, 란희 그리고 아름이 있었다. 정혜연이 등장하자, 노을은 자신도 모르게 주먹을 꽉 쥐었다. 자신들이 정혜연에게 다가가 대화하는 모습을 보고 있자니 목이 탔다.

노을 일행이 사라진 다음, 정혜연 앞에 검은색 벤이 정차했다. 차에서 내린 남자들이 정혜연을 차에 태웠다. 정혜연은 반항했지만, 순식간에 일어난 일이라 경비실에서도 눈치채지 못한 듯했다. 그리고 잠시 후 류건과 아름이 후문에 도착했다.

아름은 정혜연의 모습이 보이질 않자 주위를 두리번거렸다. 류건이 경비실 쪽에다 대고 뭐라고 말을 한 다음 후문이 열렸을 때였다. 벤에서 내린 남자들이 류건에게 달려들었다. 옆에 서 있던 아름이 비명을 지르자, 그들은 아름까지 차에 욱여넣었다.

경비실에서 뒤늦게 사람이 뛰어나왔지만 이미 차가 출발한 다음이었다.

"아름이를 데려간 자동차의 이동 경로를 알고 싶어. CCTV를 연결해서 보거나 교통 카메라로 추적하거나. 가능할까?"

"당연하지. 난 완벽하니까."

모니터에 영상 파일이 하나씩 떠올랐다. 류건과 아름을 태운 차는 인천 근처 작은 항구로 향했다. 커다란 화물 컨테이너로 가득한 곳이었다. 차는 검은 입을 쩍 벌린 회색 컨테이너 앞에 정차했다. 잠시 후 류건과 아름이 입이 틀어막힌 채 끌려 나왔다.

"여기서 배를 탔어."

류건과 아름이 탄 배는 200톤급 대형 여객선이었다. 배는 두 사람을 태우자마자 출발했다. 배가 멀어지는 모습을 마지막으로 CCTV는 끝이 났다.

"혹시 핸드폰 번호를 알면 이동 경로를 알 수 있을까? 가능하면 지도 위에 표시해 줘."

"내가 못 하는 건 없다니까."

노을이 류건과 아름의 핸드폰 번호를 알려 주자 피피가 다시 검색을 시작했다. 그리고 지도 위에 정확한 좌표가 나타났다.

"여기가 어디야?"

"서해 공해역. 여기서 수신이 끊어졌어. 그런데 이 정보를 확인한 곳이 또 있네."

"어딘데?"

"국가정보원이야. 경찰에서도 관련 자료를 계속 확인하고 있어."

"수사 자료나 보고서 중에 올라온 게 있어?"

피피는 수사 상황이 정리된 파일의 스캔본을 화면에 띄웠다.

노을이 살펴보니 이미 수색대가 꾸려진 것 같았다. 수색대에 김연주의 이름도 올라와 있었다. 김연주의 말대로 정부에서는 최선을 다해 류건과 아름을 구출할 것이다. 하지만 불안한 마음은 좀처럼 가라앉지 않았다.

"수색 상황 업데이트되면 말해 줘."

"알았어."

잠시 멍하게 앉아 있던 노을은 핸드폰을 꺼냈다. 그리고 아버지에게 전화했다. 얼마 전부터 외면하던 가설을 확인하기 위해서였다.

"네, 도련님. 의원님께서는 지금 회의 중이십니다."

아버지 진영진의 핸드폰으로 걸었지만, 당연하다는 듯 김 비서가 받았다.

"우리 학교에서 납치 사건이 일어났어요. 제 친구가 납치됐어요."

"그런 문제는 경찰에서 해결할 겁니다, 도련님."

"제로가 납치했어요. 아빠랑 제로, 관련이 있는 건가요?"

핸드폰 너머에서 약간의 동요가 느껴졌다.

"왜 그런 생각을 하셨는지 모르겠습니다. 전혀 관련 없으십니다."

"제로가 뭔지 안 물어보시네요."

노을은 자신도 모르게 냉소적으로 대꾸했다.

"아, 그건…."

노을은 그대로 전화를 끊어 버렸다.

의혹은 계속 커져 갔다. 핸드폰이 다시 울렸지만 받지 않았다. 김 비서에게 어떤 말을 들어도 변명으로 들릴 것이다.

'아버지를 만나야겠어.'

여긴 어디? 나는 누구?

아름의 시선이 불안으로 일렁였다. 아름이 갇힌 방은 침대가 2개, 테이블과 탁자, 세면대와 간이 화장실까지 갖춰져 있었다. 수감 시설이라기보다는 시설 좋은 기숙사에 가까웠다.

당연하다는 듯 문은 열리지 않았고, 창밖으로 시커먼 바닷물만 넘실거렸다. 이곳에 온 지 사흘이 지났다. 이곳에서 아름이 할 수 있는 일은 아무것도 없었다.

멍하니 침대에 앉아 있는데, 인기척이 들렸다. 점점 확연히 느껴지는 인기척에 아름은 몸을 움츠렸다.

시간이 지나자 소리는 더욱 커졌다. 잠시 후 문이 열리고 낯익은 얼굴이 들어왔다. 김연주였다.

"선생님!"

남자들에게 떠밀리듯 들어온 김연주는 아름을 발견하고는 안도했다.

"괜찮니?"

아름을 살피는 김연주는 정작 괜찮아 보이질 않았다. 얼굴 곳곳에 몸싸움의 흔적이 역력했고, 손목도 밧줄로 칭칭 묶여 있었다. 김연주를 안에 밀어 넣은 남자들은 그대로 문을 닫고 나갔다. 아름이 김연주의 묶인 팔을 풀어 주었다.

"선생님, 어떻게 된 거예요?"

김연주를 여기서 보게 될 거라고는 상상도 하지 못했다. 상황이 어떻게 돌아가는지 알 수 없었던 아름은 눈을 한 번 깜박였다. 김연주는 아름을 응시하다가 작게 한숨을 쉬었다.

"선생님이 어떤 일을 하는지는 알지?"

"전에 란희에게 들었어요."

"류건 선생님이랑 널 찾으려고 수색대가 출발했는데 붙잡혔어."

"네?"

"우리가 올 걸 알고 있었어."

김연주는 류건과 아름이 붙잡혀 있는 곳을 찾기 위해 움직였다. 해양경찰과 협조해서 수색을 시작한 것까지는 좋았다. 인근에 작은 섬이 많아 한 배에 6명씩 나눠 타고 흩어졌다. 김연주는 첫 번째 섬에 도착하자마자 잠복해 있던 제로에게 붙잡혔다. 대응할 새도 없었다.

정부에서도 씨씨의 존재를 알고 있었다. 그래서 모든 안건은 철저하게 비밀리에 처리되었다. 모든 사안은 극소수의 결정권자가 참석한 회의를 통해 결정했고, 결재 서류 및 보고서도 모두 수기로 작성했다. 그럼에도 정보가 흘러나간 것이다.

지난번 올림피아드 사건 이후 제로와 내통한 인물은 모두 걸러냈다고 생각했는데, 아니었던 모양이다.

"다른 분들은요?"

"다른 곳에 갇혀 있을 거야."

"그런데 우리는 왜 여기에 있는 거예요?"

사흘 동안 아름은 바닷물만 보고 있었다. 무섭기는 했지만, 대우가 나쁘진 않았다. 아름은 그들이 자신을 데려온 이유를 알고 싶었다.

"인질의 가치가 있으니까."

"네?"

"류건이 알고 있고, 류건과 유대감이 있을 법한 사람이니까."

"우리를 이용할 생각인 거예요?"

"아무래도. 다시 구조대가 올 거야. 어른들 일에 끌어들여서 미안하구나. 무서웠지?"

김연주가 아름을 안아 주었다. 품에 안긴 아름은 고개를 끄덕였다. 그동안 참았던 눈물이 흘러나왔다. 김연주가 함께 있다는 것만으로도 두려움이 조금씩 희석되고 있었다. 이상하게도 이 순간에는 유리수가 아니라 친구들이 보고 싶었다. 수업을 듣고, 친구들과 몰려다니던 순간이 절실하게 그리웠다.

두 사람의 해후는 길지 않았다. 다시 열릴 것 같지 않던 문이 열리고, 8호가 들어왔다. 뒤에는 무장한 남자들이 보란 듯이 서 있었다.

"우리 요즘 자주 보는 것 같습니다."

8호를 발견한 김연주의 눈빛이 날카로워졌다.

"다른 사람들은 어디에 있지?"

"일을 크게 벌일 생각은 아니었는데, 안타깝군요."

그는 정말 유감이라는 듯 말했다.

"인질극에, 납치까지 했는데 그냥 넘어갈 거라고 생각하는 건 아니겠지?"

"사소한 문제는 감수해야죠."

"사소하다?"

"손 한번 흔들어 주는 게 어떠십니까? 류건이 반가워할 텐데요."

8호가 가리킨 곳에 CCTV가 있었다. 두 사람의 시선이 CCTV를 향하자, 그의 입가에 걸린 미소가 짙어졌다.

"류건이 지금 우릴 보고 있다고?"

"얌전히만 있어 준다면 큰 위협을 가하지는 않을 생각입니다. 우리가 신사적인 걸 고맙게 생각하시죠."

그가 나가자 조용히 서 있던 남자들도 뒤따라갔다. 김연주는 CCTV를 노려보았다.

류건은 김연주와 아름을 모니터를 통해 지켜보고 있었다. 제로가 아직 어떤 요구도 하지 않았기 때문에 오히려 초조했다. 류건이 사흘 동안 보고 있었던 것은 아름이 멍하니 바다를 쳐다보는 모습뿐이었다. 그런데 이제 김연주까지 잡혔다. 구조는 실패했다.

류건은 옆에 있는 중년 남자에게 물었다.

"나한테 바라는 게 뭐지?"

자신을 13호라고 소개한 남자는 능글맞은 웃음을 흘렸다. 지적인 분위기를 풍기는 8호와는 달리 음흉한 인상의 사내였다.

"씨씨의 삭제를 멈춰 줬으면 하는데."

"뭐?"

류건이 영문을 몰라 되물었다. 하지만 곧 그 말의 의미를 깨달았다.

'씨씨가 삭제되고 있다는 건가?'

"두 번 말하지 않겠다. 무슨 수를 쓴 건지 모르겠지만, 씨씨의 삭제를 멈추는 게 신상에 좋을 거야. 너도 그렇지만, 저 여자들한테도."

"난 모르는 일이야."

"이제 와서 발뺌하려는 건가?"

13호의 능구렁이 같은 시선이 류건을 훑어 내려갔다.

"할 수 있었으면, 여기까지 오지도 않았어."

제로 측에서도 류건이 삭제했을 가능성이 낮다는 판단을 내리고 있었다. 그럼에도 류건을 납치해 온 건 씨씨의 삭제를 막아 줄 사람이 필요했기 때문이다.

"어떻게든 막아. 이대로 씨씨가 삭제되면 넌 피피를 만들어 내야 할 테니까."

피피라는 말에 류건의 표정이 경직되었다. 애초에 피피는 제로가 기획한 프로그램이었다. 그러니 알고 있어도 이상하지 않다. 문제는 '피피'라는 네이밍을 알고 있다는 것이었다.

'정태팔.'

그가 어디까지 말한 걸까. 류건이 잠시 생각에 잠겨 있자, 13호가 빈정댔다.

"어때? 이제 할 맘이 좀 생기지 않아?"

류건은 일단 컴퓨터 앞으로 향했다. 씨씨의 상태부터 확인했다. 이미 50% 가까이 삭제가 진행되고 있었다. 그가 알기로 씨씨를 삭제할 수 있는 수단은 없었다. 방법이 있었다면, 류건이 진작에 그렇게 했을 것이다. 하지만 실제로 씨씨는 삭제되고 있었다.

관심도가 낮은 지역부터 삭제되었기 때문에 제로 측에서도 삭제가 많이 진행된 뒤에야 알아챘을 것이다. 게다가 삭제 작업은 점점 가속도가 붙고 있었다. 사실 환호성이라도 질러야 할 일이었지만, 인질로 잡혀 있는 사람들을 생각하면 마냥 좋아할 수만은 없었다.

씨씨의 삭제는 피피의 성공 없이는 불가능한 일이었다. 하지만 그 일이 눈앞에서 벌어지고 있었다. 류건은 당혹감을 감추지 못했다. 누가 벌인 일인지조차 짐작이 안 갔다.

"내 능력 밖의 일이야."

탄식에 가까운 말이었다.

"이제부터 가능하게 하면 되겠네. 네가 할 수 없다면 너나 저 두 여자 그리고 널 구하러 왔던 수색대 모두 쓸모없어질 테니까."

"협박한다고 10년간 못 한 일을 한순간에 성공시킬 수는 없잖아. 천재한테도 불가능한 건 있다고."

류건이 자신의 입으로 천재라고 말했지만, 위화감은 들지 않았다.

"약간의 시간을 줄 수는 있어. 물론 시간 끌어서 좋을 게 없다는 건 알고 있지? 참, 만나고 싶어 하는 분이 있는데. 아주 반가울 거야."

남자의 말이 끝나자마자 문이 열렸다. 문을 통해 들어온 사람은 정혜연이었다.

"혜연?"

정혜연이 천천히 류건에게 다가갔다.

"네가 왜…."

처음에는 그녀 역시 붙잡힌 게 아닌가 걱정했다. 하지만 그녀를 보는 13호의 시선에 공손함이 어리는 게 느껴졌다. 게다가 그는 만나고 싶어 하는 '분'이 있다고 했다.

"여기서 보니까 더 반갑네."

정혜연은 입꼬리를 올려 웃었다.

"너였어?"

류건의 질문은 많은 것을 내포하고 있었다. 자신의 노트북을 빼돌린 사람, 피피의 존재를 제로에게 말한 사람 모두 그녀냐는 뜻이었다.

"맞아. 내가 씨씨의 관리자야."

아니라고 말해 주길 바랐다. 아니면 구구절절한 변명이라도 해 주길 바랐다. 하지만 정혜연은 너무도 담담하게 수긍하고 있었다. 게다가 관리자라니. 자판을 두드리던 류건의 손이 힘없이 무릎 위로 떨어졌다.

"태팔이라고 생각했어."

"태팔이가 너무 안됐다. 너까지 의심하다니."

"…미끼였던 거야, 태팔이는?"

"그런 셈이지. 범인으로 추정되는 태팔이를 네가 한 번은 찾아가지 않을까 생각했어. 범인처럼 보이게 하려고 몇 년에 한 번씩 납치하는 수고까지 했다니까."

"왜 그런 짓을…."

"나도 좀 미안하기는 해."

"뭐? 네가 미안한 걸 알기는 해?"

"왜 이래. 나도 사람이야. 사람인데 미안한 걸 모르겠어?"

"왜 그런 거야, 도대체 왜!"

"넌 말해도 모를 거야."

왜냐고 물어보기는 했지만, 류건은 알 것 같았다.

그녀는 항상 자신을 둘러싼 완벽하지 않은 환경에서 벗어나고 싶어 했다. 스스로를 완벽하다고 말하지만, 그녀는 항상 부족해 했다. 사람이 가장 많이 입에 담는 단어가 그 사람이 가진 상처라는 말이 있다.

'완벽하지 못한 자신'이 그녀의 상처였다. 그러니 제로의 유혹은 꽤나 달콤했을 것이다. 부와 명예 그리고 새로운 인생을 약속했을 테니까.

"변명이라도 해."

"변명하면, 이해해 줄 거야?"

"아니."

"거봐. 모를 거라니까. 씨씨가 삭제되고 있는 건 확인했지? 그것 때문에 내가 곤란해졌어. 위에서 화가 좀 나셨거든. 네가 해결해 줄 수 있을 것 같은데."

정혜연은 뻔뻔한 대사를 아무렇지 않게 늘어놓았다. 류건은 혼돈에 빠졌다. 얼마 전 정혜연과 재회하고 들떴던 자신이 원망스럽기까지 했다.

"난, 아무것도 하지 않을 거다."

"하고 싶어지게 만들어 줄 수도 있어. 그런데 난 네가 다치길 원하지 않아. 그럼 누가 다쳐야 할까?"

류건은 정혜연을 노려보았다. 하지만 그녀는 그저 입꼬리를 올려 웃기만 했다. 두 사람은 눈싸움을 하는 것처럼 서로를 노려보았다. 먼저 시선을 돌린 건 류건이었다. 모니터 한쪽에 보이는 김연주와 아름의 모습이 그를 괴롭혔다.

"두 사람한테는 손대지 마."

"가능하다면 나도 그러고 싶어."

류건은 일단 버텨 봐야겠다는 생각에, 자판 위로 손을 올렸다. 곧 구조대가 올 테니 최대한 시간을 벌어야 했다. 정혜연을 외면하는 것이 지금 류건이 할 수 있는 최선이었다.

아빠의 비밀

한번 시작된 의심은 몸집을 점점 불려 갔다. 노을은 이미 커질 대로 커져 버린 의심을 끌어안은 채 갈등하고 있었다. 늘 행동이 앞서는 노을이었지만 이번만큼은 망설여졌다. 아니, 두렵다는 게 맞을 것이다.

노을은 깊게 심호흡을 했다. 그리고 결심이 두려움과 함께 날아가 버리기 전에 피피 아이콘을 클릭했다.

"딩동 _ 안녕 노을."

"집에 있는 아빠의 노트북 데이터를 보고 싶어. 항상 켜 놓으시거든. 제로 관련 자료가 있는지 찾아봐 줘."

노을의 말이 끝나기가 무섭게 모니터에 자료가 떠올랐다. 제로의 사업 소개 자료였다. 정보 사업의 개요가 나열되어 있었다. 파일을 읽어 내려가는 노을의 표정이 점점 어두워졌다.

실제로 제로에 관한 자료가 나오자 기분이 급격히 가라앉았다. 자료는 예상했던 것보다 많았다. 노을은 자료들을 빠짐없이 읽어 내려갔다. 사업 소개 자료 속의 제로는 일반적인 회사였다. 꽤 많은 자료가 있었지만, 아름의 행방에 대한 단서는 나오지 않았다.

"다른 건 더 없어?"

"보여 준 게 전부야. 자료를 찾아서 어떻게 하려고?"

"김연주 쌤한테 보내 드리면 도움이 되지 않을까 하고."

"안 돼, 노을."

"왜?"

"씨씨가 완벽하게 제거되지 않았잖아."

노을이 영문을 모르겠다는 표정을 짓자, 피피가 말을 이었다.

"네가 김연주에게 말하면 씨씨를 통해 그들도 알게 될 거야."

노을은 곧 경찰청 보고 자료를 떠올렸다. 자신이 피피를 통해 확인하듯이 제로 측에서도 씨씨를 이용해서 모든 상황을 확인하고 있을 것이다.

"그럼 보고하지 말아 달라고 부탁하면 되잖아."

"어떻게 말하려고. 전화나 이메일 말고는 연락할 방법이 없잖아."

노을은 멍청한 표정을 지었다. 김연주는 이미 수색대와 함께 출발했다. 통신이 불가능한 지역에 있으니 직접 연락할 방법이 없었다.

"잠깐, 그럼 수색대가 출발한 걸 제로도 알고 있는 거 아니야?"

"알겠지."

피피의 대답에 노을은 초조해졌다.

"아니, 씨씨의 존재는 경찰도 알고 있을 텐데 무슨 생각으로 보고서를 만든 거야."

노을은 보고서 하나를 다시 읽어 내려가다가 이상한 점을 발견했다. jpg 파일이었다. 손글씨로 쓴 보고서를 이미지로 스캔한 것처럼 보였다.

"이 자료 누가 올린 건지 알아볼 수 있어?"

"장형우 경감 개인자료야."

"개인자료?"

"비밀번호를 걸어서 온라인에 올려놨어."

"이 사람도 제로랑 관련 있는 거 아냐? 음, 최소한 제로랑 내통했을 거야. 비밀번호 걸고 올려놓은 다른 자료는 없어?"

노을의 말이 끝나기가 무섭게 몇 개의 파일이 더 떠올랐다. 역시 손글씨로 쓰여진 보고서를 스캔한 내용이었다. 보고서는 제로와 관련된 수사 내용을 포함하고 있었는데, 제로에게 직접 보내는 메시지도 있었다.

– 8시간 후 제로 관리 지역에 도착할 예정. 소규모 수색대로 움직이기 시작하면 생포할 것. 김연주는 인질의 가치가 있음.

"역시 이 사람이 제로의 스파이야."

중요한 정보를 알아냈지만 알릴 방법이 없었다. 결국, 씨씨가 완벽하게 제거되기 전까지 노을이 할 수 있는 일은 아무것도 없는 셈이었다.

"씨씨는 언제 다 삭제되는 거야?"

"PC에 퍼진 씨씨를 제거하는 데는 일주일 정도 걸릴 거야. 하지만 본체가 숨어 있으니 다시 확산될 가능성이 있어. 근본적인 해결책은 본체를 찾아서 깔끔하게 없애는 거야."

노을은 생각 끝에 다시 아버지 진영진에게 전화를 걸었다. 하지만 아버지는 물론이고 김 비서도 전화를 받지 않았다. 학교를 몰래 빠져나가서라도 만나 담판을 지어야겠다고 결심했다.

"피피, 아빠 핸드폰 위치를 추적해 볼 수 있을까?"

"전화번호는?"

노을은 전화번호를 알려 주었다.

"위치 추적 가능한 지역에 없어."

머릿속에 자리하고 있던 '설마'라는 단어가 순식간에 몸집을 불렸다. 노을은 인상을 쓰며 물었다.

"확인 가능한 마지막 위치가 어디야?"

모니터에 익숙한 바다가 떠올랐다.

"여긴…."

노을은 차마 말을 잇지 못했다.

"한아름과 김연주가 사라진 지점에서 30km 정도 떨어진 곳이야."

멍하니 사진을 보고 있는데 태수가 들어왔다. 늦게까지 공부를 했는지 손에는 참고서가 들려 있었다.

"안 잤네."

"어? 응. 이제 자려고."

"무슨 일 있어?"

"아니. 왜?"

부정하는 노을의 표정이 심상치 않았다. 잠옷으로 갈아입은 태수는 침대에 걸터앉아 노을을 빤히 쳐다봤다.

"아름이는 어떻게 된 거야?"

"아프대."

노을은 시선을 회피했다.

"어디가 아프길래 며칠째 학교에 안 나오는 거야? 아니란 거 아니까 말해."

태수가 채근했지만, 노을은 대답할 의사가 없어 보였다. 한참을 기다려도 노을이 입을 열지 않자, 태수가 다시 말을 이었다.

"올림피아드 그놈들이랑 관련된 일이야? 김연주 선생님이랑 류건 선생님이 안 계신 것도 그렇고."

노을은 다시 부정하려고 하다가 고개를 끄덕였다. 다른 아이들은 모를까 시험장에 함께 있었던 태수를 속이는 일은 어려울 것 같았다.

"다른 애들한테는 말하지 마. 류건 쌤이랑 아름이가 납치됐어.

김연주 쌤은 수색대랑 같이 구하러 가셨고."

"납치? 학교 안에서 납치가 됐다고?"

"후문 앞에서."

"어떻게 그런…."

말을 잇지 못하는 태수를 힐긋 쳐다본 노을은 노트북에 떠 있는 바다 이미지와 경찰청 보고서 창을 자연스럽게 내렸다.

"곧 돌아올 거야. 아름이도 쌤들도."

"도대체 학교에서 무슨 일이 일어나고 있는 거야."

태수는 답답하다는 듯 제 머리를 헝클어트렸다.

"비밀 지켜라. 소문나서 좋을 거 없으니까."

"알았어. 그리고… 그럴 리는 없겠지만, 혹시 내가 필요해지면 말해."

"왜 갑자기?"

"그냥."

한동안 대화를 나누던 태수는 침대에 누웠다. 노을도 불을 끄고 누웠지만, 잠이 오질 않았다. 태수와 노을은 새벽까지 서로가 뒤척이는 소리를 들어야 했다.

다음날, 핸드폰 위치 추적을 통해 아버지가 제로 기지에서 돌아온 걸 확인한 노을은 몇 번이나 통화를 시도했다. 하지만 계속 회의 중이라며 연결되지 않았다.

무거운 마음을 안고 교실로 향하니 칠판에 '류건♥김연주'라고 쓴 낙서가 빽빽하게 들어차 있었다. 두 사람이 학기 중에 나란히 사라진 관계로 열애설이 뜨겁게 떠올랐다. 두 사람이 함께 있는 걸 봤다는 아이들의 증언도 적잖게 이어지며 열애설을 뒷받침하고 있었다.

게시판에는 류건과 김연주의 합성사진이 대거 올라왔다. 사랑의 도피설과 코앞으로 다가온 축제 덕분에 학교는 온통 들뜬 분위기였다.

수학 동아리는 상품을 걸고 수학퀴즈대회를 준비했고, 영화 동아리는 자신들이 만든 단편영화를 상영한다고 했다. 농구부는 일일찻집을 준비 중이었다.

정규 수업을 제외한 방과 후 수업이나 자습 시간은 축제 준비 시간으로 전환되었다. 덕분에 아이들은 김연주나 류건의 부재를 크게 느끼지 않는 모양이었다. 병가 처리된 아름도 마찬가지였다.

세 사람이 사라졌지만, 학교는 아무 일도 없었다는 듯 흘러갔다. 아름의 부모는 딸의 실종 사실을 모르고 있었다. 김연주의 부탁으로, 아름의 부모에게는 란희가 문자를 보냈다. 수업 중에 핸드폰으로 문자를 보내다가 걸려서 핸드폰을 압수당했다는 내용이었다. 핸드폰을 찾으면 전화하겠다는 메시지를 보내고 나니 바로 전화가 걸려 왔다. 당장 아름이를 바꾸라는 어머니의 고함에 란희는 진땀을 흘려야 했다. 김연주가 다시 통화해서 부모를 진정시켰지만 오래갈 거짓말이 아니긴 했다.

학교에서 달라진 곳은 파란노을의 동아리 방뿐이었다. 파랑과 란희는 안절부절못했다. 류건과 아름이 사라진 지 일주일이 지났다. 김연주가 사라진 지도 사흘이 지난 시점이었다.

"아악! 김연주 쌤은 왜 안 오시는 거야."

란희의 감정이 폭발했다. 금방이라도 아름과 함께 돌아올 줄 알았던 김연주에게서는 소식이 없었다. 몇 번이고 김연주에게 전화를 걸었지만, 연결할 수 없다는 전자음만 반복해서 들려올 뿐이었다. 돌아가는 상황을 모르니 더 초조할 수밖에 없었다.

"걱정하지 마. 무사히 돌아올 거야."

파랑이 다독거렸지만 란희의 불안은 사라지지 않았다. 문이 열리고, 언제나처럼 노을이 들어섰다. 그는 굳은 얼굴로 두 사람에게로 다가갔다.

"지금부터 내가 하는 말 잘 들어."

노을은 꽤 진지했다.

"뭔데 그래?"

란희의 눈빛이 불안으로 흔들렸다.

"김연주 쌤이 구출에 실패하셨어."

"뭐??"

실패라니 생각지도 못한 일이었다. 평소보다 몇 배나 더 커진 란희의 목소리가 동아리 방을 울렸다. 그러자 노을이 낮게 속삭였다.

"목소리 낮춰."

"근데 어, 어떻게 알았어?"

깊게 심호흡을 한 노을이 두 사람을 향해 또박또박 말했다.

"지금부터 보여 줄 게 있는데 비밀로 해야 해. 누구에게도."

"응, 알았어."

란희가 노을 곁으로 한 걸음 더 다가서서 목소리를 낮췄다.

"류건 쌤이 10년 전에 씨씨를 개발했다고 했잖아. 씨씨 말고도 프로그램을 하나 더 만들었는데, 이름이 피피야. 제로가 류건 쌤을 납치한 이유는 아마 피피 때문일 거야."

"왜?"

란희가 이해할 수 없다는 듯 물었다.

"내가 피피를 이용해서 씨씨를 삭제하기 시작했거든."

노을은 류건이 납치된 이유가 자신이 씨씨를 지우기 시작했기 때문일지도 모른다고 판단했다.

피피 아이콘을 클릭한 노을은 아이들이 잘 볼 수 있도록 핸드폰을 내밀었다. 그러자 액정에 하얀 창이 떠올랐다. 그리고 웃고 있는 피피의 이모티콘이 나타났다.

"딩동 _ 안녕 친구들."

낭랑한 피피의 목소리가 울려퍼졌다.

"뭐야?"

"프로그램 피피야."

"어? 설마 프로그램이 말을 하는 거야?"

"네가 란희구나. 안녕, 난 피피야."

"응? 아, 안녕."

란희는 신기해하며 핸드폰 액정을 들여다보았다.

몰래카메라 같은 건 아닌지 생각해 봤지만, 곧 아니라는 결론을 내렸다. 아무리 진노을이라 해도 아름이 납치된 마당에 이런 짓을 할 애는 아니었다.

"그럼 넌 파랑이?"

"응. 맞아."

파랑 역시 놀란 듯했지만 담담하게 받아들이려고 애쓰는 눈치였다.

"설마 인공지능이야?"

란희가 호기심을 보였다.

"응. 근데 인공지능뿐이면 제로가 노리겠냐. 인터넷망으로 연결된 전 세계 컴퓨터를 제어할 수 있는 관리자야."

"에?"

단번에 이해가 가질 않았다. 그런 게 가능할 리가 없지 않은가.

"그보다 류건 쌤이 만든 거라며, 왜 네가 가지고 있어?"

"주웠어."

"어?"

란희가 멍하게 있자, 노을이 말을 이었다.

"피피, 이 모니터에 준비한 화면을 띄워 줘."

"알았어."

피피의 말이 끝남과 동시에 란희의 컴퓨터 모니터에 새로운 화면이 나타났다.

"에?"

란희가 띄워 놓았던 인터넷 창이 모두 사라지고 하얀 창이 떠올랐다. 하얀 창에 웃고 있는 피피의 이모티콘이 보였다.

노을은 더 설명하는 것보다 직접 보여 주는 게 빠를 거라고 판단했다.

"피피, GPS 자료부터 보여 줘."

화면에 지도가 나타났다. 그리고 그 위에 점선이 이어졌다. 학교에서 시작된 선은 바다로 향해 있었다.

"이게 아름이 핸드폰 경로야."

"바다잖아."

"응. 그리고 이건 김연주 쌤 경로."

새로운 점선이 이어졌다. 아름과 비슷한 궤적을 그리며 이어진 선 역시 근처 바다에서 신호가 끊어졌다.

"여기 어딘가에 아름이가 있다는 거야?"

"응. 그리고 김연주 쌤은 구조에 실패하셨어."

"그, 그럴 리가 없잖아."

노을은 피피에게 다음 자료를 요청했다.

"피피, 경찰청 자료를 보여 줘."

모니터에 몇 개의 보고서가 떠올랐다. 경찰청 보고서로 추정되는 jpg 문서에는 인천 연안에서 수색팀 전체가 선박과 함께 실종되었다는 내용이 적혀 있었다. 신호도 끊어져 난파 여부도 알 수 없다고 했다.

"이 바다 일대는 전파 상태가 좋지 않아. 특히 이 부근에선 아무런 신호도 잡히지 않아."

노을의 말에 따라 지도에 일부 영역이 표시되었다.

"아무리 바다 위라고는 하지만 이렇게 일정한 거리의 범위 안에서 신호가 불안정하다는 게 이상하지 않아? 신호를 방해하는 어떤 전파 장치가 있다면 몰라도?"

어느새 침착해진 파랑이 입을 열었다.

"이 영역 안에 신호를 방해하는 무언가가 있다는 건가? 그 무언가는 아마도 제로가 설치한 걸 테고. 그럼 역시 이 섬 중의 한곳이겠지?"

"그럴 거야. 그리고 김연주 쌤까지 실패했다는 건 상당한 무력을 보유하고 있다는 걸 말하는 거고."

"김연주 선생님도 그렇고, 수색대 전원이 실종됐으면 다시 팀을 꾸려서 출동하지 않을까?"

곰곰이 생각하고 또 생각하며 내린 결론이었다. 경찰이 제로를 이대로 내버려둘 리가 없었다.

"맞아. 일주일 뒤에 대대적인 수색을 시작한대."

그렇게 말하는 노을의 안색이 좋지 않았다. 그러자 파랑이 조심스럽게 입을 열었다.

"경찰에서 대대적인 수색을 시작하면, 아름이가 위험해지지 않을까?"

"맞아. 사실상 인질의 안전을 포기한 거나 다름없어. 제로 기지를 찾아서 통째로 날려 버릴 생각인가 봐."

일전의 팀은 소수정예로 이루어진 수색대였다. 하지만 새로 짜여진 팀은 구조보다는 섬멸에 목적을 둔 것 같았다.

보고서를 확인한 란희는 충격을 받았는지 말이 없었다.

"그리고 이 작전도 씨씨에 의해 이미 제로에게 알려졌을 거야."

"그럼 김연주 쌤이 실패하신 것도?"

"맞아. 제로는 수색대가 갈 거라는 사실도 미리 알고 있었던 거지. 보면 알겠지만, 이건 손으로 쓴 보고서를 스캔해서 올린 거야. 내부에서 장형우 경감이라는 사람이 의도적으로 보고서를 온라인에 올려놓고 있어."

노을이 보여 준 문서에는 이번 수색에 관한 내용이 담겨 있었다. 문서 곳곳에 붉은색으로 '해당 지역 경비 강화할 것' '3호에게 보고할 것' 등의 메시지도 적혀 있었다.

"자, 잠깐!"

란희의 머릿속이 복잡했다. 생각이 좀처럼 정리되지 않았다. 장형우는 란희가 알고 있는 이름이었다. 올림피아드 때에도 봤고, 참고인 진술 때도 함께 있었다.

"왜?"

"장형우? 장형우면 정 차장님이랑 항상 같이 있던 형사님이야."

덕분에 아이들은 더욱 심각해졌다.

"이 사실을 김연주 선생님한테 알릴 방법이 없을까?"

파랑이 물었지만, 노을은 고개를 저었다.

"현재로써는 없어."

"그럼 아름이는…."

망연하게 노을을 응시하던 란희는 한 가지 사실을 알아차렸다. 이런 자료를 보여 주는 이유라면 하나뿐이었다.

"우리가 구해야 한다는 거지?"

"응. 우리가 가야 해."

"우리가?"

되물은 이는 파랑이었다. 파랑도 아름이 걱정되기는 마찬가지였다. 하지만 구하러 간다니, 불가능한 일처럼 느껴졌다. 방금 읽은 자료를 봐도 그랬다. 정부 수색대도 실패했다지 않은가.

"어른들은 믿을 수 없어."

어른을 믿을 수 없다는 노을의 의견에는 파랑도 동의했다. 누군가에게 의지할 수 없다면 직접 움직이는 수밖에 없기는 했다.

"네가 알고 있는 걸 모두 말해 봐."

한결 담담해진 파랑이 말했다.

10년 전, 한국과학고등학교 기숙사 201호

"야, 일어나. 저녁 먹으러 가자."

정태팔은 곤히 잠든 류건을 흔들어 깨웠다. 교복을 입은 채 잠든 류건은 눈도 뜨지 않고 대꾸했다.

"안 먹어. 너나 먹어."

그러고는 귀찮다는 듯 이불 속으로 파고들었다. 정태팔은 류건에게서 이불을 빼앗고 단호하게 말했다.

"일어나. 너 아침도 안 먹었잖아."

"아아, 귀찮아. 밥 안 먹고 살 수 있었음 좋겠다. 그런 건 누가 안 만드나?"

정태팔이 재차 깨우자 못 이기는 척 일어난 류건은 헝클어진 머리카락을 대충 손가락으로 쓸었다.

"움직여."

"알았어. 일어나고 있잖아."

류건이 외투를 걸치고 일어나려는 순간 메일 수신음이 울렸다.

메일에는 류건을 스카우트하고 싶다는 내용이 담겨 있었다.

"제로? 이름 한번 구리네."

"니가 만드는 프로그램 이름보다는 괜찮은 것 같은데?"

"내 작명 센스가 어때서."

류건이 만든 보안 프로그램의 이름은 폴리스에서 따온 '폴폴'이었고, 그전에 만든 백신의 이름은 치료에서 따온 '치치'였다. 하지만 류건은 자신의 네이밍에 자부심이 있었다. 그럴싸한 이름보다는 쉽고 명확한 이름이 좋다는 주의였다.

정태팔과 함께 읽어 내려간 메일에는 꽤 높은 연봉이 제시되어 있었다. 하지만 류건은 절반도 읽지 않고 메일 창을 냉정하게 닫아 버렸다.

"끝까지 읽기라도 하지. 좋은 기회일 수도 있잖아."

"관심 없어."

"혜연이가 들으면 분노하겠다. 또 기회를 발로 차 버린다고."

"회사는 흥미 없어."

몇 달 전, 류건은 호기심에 한국은행을 해킹해 버렸다. 그냥 한번 해 본 거였는데, 바로 뚫릴 줄이야. 덕분에 경찰서까지 끌려 들어갔었다.

미성년자라서 바로 풀려나긴 했는데, 사회봉사 차원으로 한국은행의 새로운 보안프로그램을 제작해 줘야 했다.

귀찮은 일은 그때부터 시작되었다. 어떻게 알아냈는지, 한국에 있는 거의 모든 IT 회사에서 러브콜이 온 것이다. 중학생이나 고등학생 프로그래머가 없지는 않았다. 하지만 류건은 벌써부터 사회생활을 하고 싶진 않았다.

"밥이나 먹자."

류건이 기숙사 방을 나서려는데 노트북에서 경고음이 울렸다.

"노트북 해킹당하고 있는데?"

정태팔의 목소리에 류건이 책상 앞으로 달려갔다.

"아씨, 아까 그 메일!"

류건은 즉시 상대의 컴퓨터를 역으로 해킹하기 시작했다. 정태팔은 못 말리겠다는 듯 고개를 절레절레 흔들며 기숙사 방을 나섰다.

한 시간 후 정태팔이 샌드위치와 우유를 들고 돌아와 보니 류건은 아직도 노트북 앞에 앉아 있었다.

"아직도 해결 못 했어?"

"기다려 봐. 좀만 더 하면 돼."

"혜연이가 갖다 주래."

정태팔이 책상에 샌드위치와 우유를 올려놓았지만, 류건은 거들떠보지도 않았다. 잠시 후 기지개를 켠 류건이 말했다.

"싹 지워 버렸어."

"뭘?"

"저쪽 컴퓨터. 공장 출고 때 모습으로 돌려놨지."

류건은 샌드위치를 입에 물었다.

"야, 이거 맛있네. 혜연이는 오늘 뭐 할 거래? 저녁 때 주말 특식 먹으러 갈까?"

"그거 사 주고 집에 갔어."

혜연이 집에 갔다는 말에 류건의 인상이 찌푸려졌다.

"또 맞고 오는 거 아니야? 아저씨는 언제 정신 차리려나 몰라. 술 좀 끊으셔야 할 텐데."

"그러게."

정태팔의 표정이 흐려졌다.

"혜연이 보면 나처럼 고아가 낫다는 생각까지 든다니까. 에효. 빨리 돈 벌어서 우리 혜연이 독립시켜 주든지 해야지."

류건이 너스레를 떨었다. 정태팔은 그런 류건이 자랑스러우면서도 부러웠다. 그때였다. 다시 메일 한 통이 도착했다.

- 테스트에 통과하셨습니다.

"웃기시네. 넌 나한테 졌거든."

류건이 거들먹거리며 메일을 클릭했다. 또 무슨 수작을 부리더라도 이길 자신이 있었다. 그런데 메일을 읽던 류건의 표정이 흔들렸다.

– 안녕하세요. 제로의 인사 담당자입니다. 테스트를 통과하신 류건 님께 프로젝트 제안드립니다.

사무적으로 시작한 메일은 프로그램 제작의 대가로 거액을 주겠다는 내용을 담고 있었다. 조금 전 제시 금액에서 동그라미를 3개 더 붙인 금액이었다. 류건과 정태팔이 상상할 수도 없는 액수의 돈이었다. 그리고 하단에는 그들이 만들고자 하는 프로그램에 대한 간략한 설명이 쓰여 있었다. 그들이 원하는 것은 세상의 모든 컴퓨터를 관리할 수 있는 프로그램이었다.

– 자세한 이야기는 직접 만나서 나누고 싶습니다. 편하신 시간과 장소를 정해 주시면 맞춰서 나가겠습니다. 감사합니다.

"이런 걸 어떻게 만들어."

함께 메일을 읽은 정태팔이 회의적인 의견을 제시했다.

"그렇지?"

그렇게 말하면서도 류건은 메일에서 시선을 뗄 수 없었다.

'가능할까?'

그 뒤로도 류건을 회유하는 메일은 몇 번이나 더 발송되었다. 결국, 류건은 담당자를 만나 보기로 했다. 제로라는 회사보다는 그들이 만들고자 하는 프로그램에 관심이 갔다. 약속 장소는 학교 앞 카페였다.

카페 안에 들어선 류건을 반긴 이는 20대 초반의 남자였다. 그는 자신을 19호라고 소개했다. 지적이고 부드러운 인상을 주는 남자였다.

"19호요?"

"단체 서열입니다."

19호는 고등학생인 류건을 깍듯하게 대했다. 예의가 몸에 밴 사람인 것 같았다.

"재밌네요."

"제로에 들어오시면, 저보다 높은 서열을 받으실 수 있을 겁니다. 저흰 능력제거든요."

"아직 취업에는 관심 없어요. 대학도 다니고 싶고. 그보다 그 프로그램은 언제부터 기획하신 거예요?"

19호는 류건에게 자신들이 원하는 프로그램에 대해 상세히 설명했다. 가능할 것 같으면서도 막연한 느낌을 준다는 점이 류건의 호기심을 부추겼다.

그런데 한 가지 의문이 들었다.

"이 프로그램으로 뭘 하려고요?"

"류건 님도 사이버 범죄가 늘어나고 있다는 건 아실 겁니다. 이 프로그램은 전 세계 사이버 범죄를 막는 데 쓰이게 될 겁니다. 또 정보 보호를 원하는 대기업들과 세계 여러 나라가 우리의 바이어가 되겠죠."

류건은 일단 고개를 끄덕였다.

"저도 해 봐야 알겠어요. 만들 수 있을 것 같기도 하고 못 할 것 같기도 하고 뭐, 그렇네요."

"중간중간 연락 주십시오. 계약금으로 프로젝트 비용의 30%를 선지급하려고 하는데 괜찮으십니까?"

30%라니. 류건은 자신도 모르게 침을 꿀꺽 삼켰다. 하지만 지나치게 큰 액수라 부담스러웠다.

"아뇨. 못 만들 확률이 더 높아요. 혹시나 완성하면 연락드릴게요."

류건은 끈질기게 계약금을 지급하겠다는 19호를 만류하고 자리에서 일어났다. 19호의 얘기만 들으면 문제가 없었다. 자신이 만든 프로그램으로 사이버 범죄를 막는다면 보람도 있을 것이다. 하지만 사람의 욕심은 끝이 없는 법이다. 어떻게 악용될지 모르는 상황이니 안전장치를 만들어야겠다고 생각했다.

기숙사에 돌아온 류건은 제로가 제시한 프로그램 제작에 돌입했다. 만들 수 있다고 생각한 것은 아니었다. 순전히 한국은행을 해킹할 때처럼 '만들 수 있을까?'라는 호기심이 마음을 움직였다.

몇 번이나 실패를 거듭했고, 정태팔은 불가능한 일이라고 만류했다. 하지만 류건은 포기하지 않았다.

어느 정도 프로그램이 완성되자, 류건은 친구인 혜연을 불러 녹음을 진행했다. 그녀의 목소리와 어투를 바탕으로 피피가 구성되었다. 그녀에게는 그저 재미있는 프로그램을 만들고 있다고만 일러 주었다.

그리고 이론적으로 완벽한 테스트 버전 '피피'를 완성했다. 하지만 피피는 실패작이었다. 컴퓨터에서 구동이 되지 않았다. 실망한 류건은 피피가 든 USB를 비밀 사물함에 숨기고 제로에게 메일을 썼다. 프로그램 개발에 실패했다는 내용이었다. 그다음에 류건이 한 일은 한 단계 낮은 프로그램을 만드는 것이었다.

그렇게 만들기 시작한 게 씨씨, 그러니까 피피의 다운그레이드 버전이었다. 씨씨가 거의 완성 단계에 접어들었을 때였다. 테스트 장면을 지켜본 정태팔이 말했다.

"너 그걸 또 만드는 거야?"

"아니, 피피는 못 만들 것 같고. 이건 하위 버전이야. 전 세계 컴퓨터를 지켜보는 프로그램이랄까."

"될 것 같아?"

"응. 거의 완성됐어."

"제로한테 팔 거야?"

"미쳤냐. 그냥 만들어 본 거야."

류건은 낄낄거리며 좋아했다.

기숙사 방을 나온 정태팔은 19호에게 전화를 걸었다. 류건이 무언가를 만들면 알려 달라는 의뢰를 받았었다.

학생인 정태팔로서는 무시하기 힘든 금액이었다. 그 돈이면 정혜연의 생일 선물로 사 주고 싶었던 명품 향수를 100개는 살 수 있었다.

통화를 마친 정태팔이 다시 기숙사 방으로 돌아왔고, 류건은 메일을 읽고 있었다.

"뭐지? 제로에서 연락이 왔어. 자신들이 제시한 게 불가능하면 하위 버전을 만들어 볼 생각은 없냐고. 나 도청당하는 거 아냐?"

"네가 못 한다니까 그 사람들도 달리 생각했나 보지."

정태팔은 뜨끔했지만, 모르는 척 대꾸했다.

"그런가?"

"어쩔 거야? 팔 거야?"

"생각 좀 해 보자. 조건이 더 좋아졌어. 이 돈이면 삼대는 먹고 살겠다."

로또 1등에 버금가는 액수에 류건도 흔들릴 수밖에 없었다. 그리고 다음날, 류건은 결정을 내리지 못한 채 고민하고 있었다. 지켜보는 것 말고는 아무것도 못 하는 프로그램이었다. 그들이 말했던 대로 정보 보호를 원하는 대기업들과 세계 여러 나라의 사이버 보안을 책임질 수 없었다. 반대의 경우라면 모를까. 하지만 그냥 거절하기에는 너무나도 큰 금액이라 흔들리고 있었다.

류건은 정태팔의 의견을 들어 봐야겠다고 생각하고 급하게 쪽지를 썼다.

— 태팔아. 수업 끝나고 동아리 방에서 보자. 할 얘기가 있어. 다시 생각해 봐도 이건 너무 위험해. ∞

쉬는 시간이 되자마자 옆 반에 가 보니 정태팔은 자리에 없었다. 류건은 들고 있던 책에 쪽지를 끼워 책상 위에 올려놓고는 자리로 돌아왔다.

수업이 끝난 류건은 정태팔을 만나기 전에 기숙사 방에 들렀다. 그런데 책상 위에 있어야 할 것이 보이질 않았다.

"내 노트북."

노트북이 사라진 것이다. 류건은 기숙사 방을 샅샅이 뒤졌다. 정태팔과도 연락이 되질 않자, 불길한 예감이 들었다. 그는 자신을 체포했던 사이버수사대 팀장에게 전화를 걸었다.

"저, 류건인데요. 제가 프로그램을 하나 만들었는데 도난당했어요. 근데 그게 꽤 위험할 것 같아서요."

팀장의 지시대로 바로 기숙사를 빠져나온 류건은 정부에 신변보호를 요청했다. 류건이 만든 프로그램과 제로에 대해 들은 정부는 당황했다. 정부는 길고 긴 논의 끝에 류건을 제로로부터 보호하기로 결정했다. 그렇게 새로운 신분과 안전가옥이 주어졌고, 담당자로 김연주가 배정됐다.

그리고 며칠 뒤, 사라졌던 정태팔이 다시 학교에 나타났다. 그는 수사를 받는 내내, 모른다는 말로 일관했다. 미성년자를 증거도 없이 붙잡아 놓을 수 없었던 경찰은 결국 그를 풀어 주었다. 그 후에도 전담팀이 정태팔을 주시했지만, 아무런 증거도 찾을 수 없었다.

"사건을 조사하던 정부는 사건의 심각성을 알게 돼. 전 세계의 PC가 씨씨로부터 공격을 당하고 있다는 걸 확인한 거야. 정부는 증거 자료가 남아 있을지 모를 한국과학고등학교까지 폐교하고 수사를 진행하는 특단의 조치를 내려. 하지만 아무런 단서도 찾지 못한 채 10년이 흘렀어."

아이들은 노을의 이야기에 빨려 들어갈 듯 집중했다.

"그동안 제로라는 조직은 몸집을 키워 왔어. 정보력을 바탕으로 세계에서 일어나는 테러와 전쟁에 관여하며 존재감을 드러내기 시작한 거야. 그래서 정부는 어쩔 수 없이 류건 쌤을 미끼로 제로를 꾀어낼 생각을 한 거지. 그게 한국과학고등학교가 있던 자리에 수학특성화중학교가 들어선 이유야. 류건 쌤과 김연주 쌤이 위장 잠입할 수 있는 공간을 만든 거지. 두 쌤 말고도 경비실에 있는 경비 12명, 시설관리팀 5명이 정부 소속이야. 마지막으로 제로에게 노트북을 넘겼을 것으로 추정되지만, 증거가 없는 정태팔을 수학특성화중학교로 전근시킨 거고."

노을의 이야기에 란희와 파랑은 놀라움을 금치 못했다.

"난 피피를 이용해서 씨씨를 삭제하려고 시도했어. 그 일이 있고 얼마 안 지나서 류건 쌤이 납치된 거야."

란희가 다시 노을의 핸드폰으로 시선을 돌리며 물었다.

"그럼 씨씨는 완전히 삭제된 거야?"

"아니. 삭제하고 있지만, 꾸준히 감염도 되고 있어. 완벽하게 해결하려면 씨씨 원본 프로그램을 삭제해야 하는데, 원본은 인터넷이 연결되지 않는 곳에 있어."

란희는 씨씨가 삭제되고 있다는 것보다 이 모든 걸 노을이 이해하고 진행하고 있다는 사실에 더 놀랐다.

"네가 삭제한 거야?"

"정확하게는 피피가 하는 거지. 나는 관리자일 뿐이니까."

"씨씨는 볼 수 있고, 피피는 구체적으로 뭘 할 수 있는데?"

란희의 물음에 피피가 직접 대답했다.

"모든 것."

"이를테면?"

"전 세계 컴퓨터를 끌 수 있어."

"그럼 핵폭탄 같은 것도 발사할 수 있어?"

"발사 장치가 있는 컴퓨터에 인터넷만 연결되어 있다면 가능해."

란희는 놀라서 어안이 벙벙했고 파랑이도 당혹감을 감추지 못했다. 동아리 방에 침묵이 감돌았다. 노을과 컴퓨터 프로그램의 말을 어디까지 믿어야 하는 걸까.

"그동안 모아 놓은 제로에 관한 자료를 보여 줘."

노을의 말에 피피는 여러 개의 파일을 열었다. 그중에는 10년 전 수사 자료는 물론이고, 노을 아버지의 노트북에 있던 자료도 포함되어 있었다. 란희와 파랑은 찬찬히 자료를 읽어 내려갔고, 아이들의 표정에는 여러 감정이 뒤섞였다.

"씨씨도 피피처럼 대화가 가능해?"

"아니. 입력한 정보만 찾을 수 있어. 일종의 검색창이라고 생각하면 돼. 피피랑은 다르지. 피피는 뭐든지 할 수 있어."

노을의 설명대로라면 피피를 가진 자는 제로가 아닌 그 누구라도 상대할 수 있을 것처럼 느껴졌다.

"뭐든지 할 수 있다니…."

파랑이 중얼거렸다.

"응. 컴퓨터로 연결할 수 있는 건 뭐든지."

"그럼 아름이가 어디에 있는지 보여 줘."

란희가 모니터를 보며 말했다.

"몰라."

피피가 모른다고 대답하자 란희가 의심의 눈초리를 보냈다.

"뭐든지 할 수 있다면서."

"문서로 만들어지지 않거나 인터넷에 입력되지 않은 자료는 나도 알 수 없어. 난 어디까지나 컴퓨터를 기반으로 하니까."

"끄응."

란희는 의자에 깊숙히 기대어 노을이 보여 준 자료를 하나씩 곱씹어 보았다. 머릿속에 문득 어떤 생각이 떠올랐다.

"잠깐만! 그럼 'X', 그 여자는? 같이 잡혀간 게 맞아? 아니면 공범이야? 정태팔 쌤은 제로랑 관련 있는 게 맞고?"

"확실한 건 없어. 정태팔 쌤이 풀려난 걸 보면 관련이 없을 수도 있지. 아니면 단지 증거가 없던지."

류건이 제로에게 붙잡혀 간 후 정태팔은 다시 경찰 조사를 받았다. 하지만 4시간 만에 풀려나 다시 칙칙한 표정으로 학교를 돌아다니고 있었다.

"물어보고 오자."

란희가 앞장서자 다른 아이들도 얼떨결에 따라 일어났다.

란희가 교무실을 기웃거리는데 몇몇 아이들이 복도에서 양손을 머리 위로 들고 서 있었다. 모두 란희네 반 아이들이었다.

"왜 이러고 있어?"

"쉬는 시간에 담 넘다가 걸렸어."

아이 하나가 툴툴거리며 말했다.

"누구한테?"

"경비 아저씨."

벌 서는 아이들은 얼굴을 구기며 억울해했다.

분명 수학특성화중학교 경비는 일반 학교 경비와 달랐다. 류건이 사라졌지만, 그가 돌아올 때를 대비해서인지 학교 경비는 더욱 강화되었다. 문제가 있다면 아름을 구하기 위해서는 아이들 역시 학교를 몰래 빠져나가야 한다는 것이었다.

"담임은?"

"아까 저쪽으로 갔어."

"알았어."

란희는 정태팔이 사라졌다는 방향을 따라 재빨리 걸음을 옮겼다. 이곳저곳 기웃거리다 보니 상담실에 멍하니 앉아 있는 정태팔이 보였다.

란희는 노크도 하지 않고 문을 열어 젖혔다. 뒤따라 들어온 파랑과 노을이 밖을 살피며 문을 닫았다.

"선생님!"

"무슨 일이지?"

담담하게 묻는 정태팔은 초췌해 보였다.

"물어볼 게 있어요. 선생님은 제로랑 무슨 관계예요?"

순간, 란희를 제외한 세 사람의 표정이 눈에 띄게 굳었다. 이렇게까지 돌직구를 날릴 줄은 몰랐다.

"제로?"

지쳐 있던 정태팔의 눈이 번들거리기 시작했다. 란희는 정태팔의 기세에 반사적으로 움츠러들었다. 하지만 곧 정태팔의 시선을 마주했다.

"말씀해 주세요."

"무슨 말인지 모르겠구나. 쓸데없이 몰려다니지 말고 공부나 해라, 허란희."

"쓸데없지 않아요. 저흰 알아야겠어요."

고집스러운 란희의 말에 정태팔이 자리에서 일어났다. 그러고는 란희와 노을, 파랑을 차례로 응시했다. 여전히 번들거리는 정태팔의 눈빛을 마주한 노을은 자신도 모르게 란희의 팔을 붙잡았다. 여차하면 데리고 튈 생각이었다.

"부모님을 학교에 모셔 오고 싶은 게 아니라면 돌아가라. 네 성적에 이럴 시간이 있다니 놀랍구나."

"선생님!"

정태팔이 란희를 향해 한 걸음 더 다가섰다. 그리고 위압적인 목소리로 경고했다.

"다시는 제로에 대해서 입 밖으로 꺼내지 마라. 너희를 위해 하는 말이다."

정태팔은 아이들을 지나쳐 상담실 문을 열었다. 그러나 란희의 목소리가 정태팔의 발길을 붙잡았다.

"아름이가 잡혀간 건 아세요?"

정태팔은 천천히 눈을 감았다가 떴다. 아름의 소식은 알고 있었다. 그렇지 않아도 한차례 심문을 당하고 온 길이었다.

"아름이는 곧 돌아올 테니까 걱정하지 말고."

"김연주 선생님도 실종됐어요."

"그렇게 보이겠지만 사실은 다른 일이 있으신 거다."

정태팔이 아이들에게 해 줄 수 있는 말은 이것뿐이었다.

"김연주 선생님이 구출작전 나가신 거 알아요. 그 팀 전원 실종이에요. 이제 아름이를 구할 사람은 우리뿐이에요."

또다시 란희의 목소리가 정태팔을 붙잡았다. 문을 열고 나가려던 정태팔이 몸을 돌렸다.

"무슨 말도 안 되는 소리를 하는 거냐!"

있을 수 없는 일이라고 생각했다. 어찌 되었든 제로는 일종의 정보 상인이었다. 무력이 없지는 않겠지만, 정부에 비할 바는 아닐 것이다. 정태팔이 믿지 못하겠다는 기색을 내비치자, 란희가 말을 보탰다.

"노을이한테 들은 거니까 확실해요."

정태팔의 시선이 노을에게로 향했다. 그러자 노을이 고개를 끄덕였다. 정보는 피피가 준 것이지만, 그의 아버지에게서 나왔다고 오해할 만한 상황을 만든 셈이다.

"그럼 얌전히 소식을 기다려. 너희가 할 수 있는 일은 없어."

"아뇨, 우린 뭐든 할 수 있어요."

당돌한 란희의 대꾸에 정태팔의 미간이 꿈틀거렸다.

"돌아가서 공부나 해."

"선생님은 공부만 하셔서 지금 이런 모습인 거 아니에요?"

"그게 무슨 말버릇이냐. 이번만 용서해 줄 테니 돌아가!"

정태팔의 얼굴이 일그러졌다.

"선생님 혹시 제로예요? 10년 전에 무슨 일이 있었는지 말씀해 주세요!"

"난 아니다."

"그럼 누구예요? 말씀해 주세요."

"난 모른다."

"그럼 짐작 가는 사람 없어요?"

"없다."

"선생님!!!"

정태팔은 치밀어 오르는 화를 억누르며 란희를 노려보았다.

경찰 조사에서도 죄인 다루듯 하는 태도에 화가 난 참이었다. 그런데 학생까지 자신을 무시한다고 생각하자 견딜 수가 없었다. 결국, 정태팔이 폭발했다.

"내가 뭘 그렇게 잘못했다는 거냐!"

으르렁거리는 정태팔의 목소리에 놀라긴 했지만 물러설 란희가 아니었다.

"침묵하는 거요."

"허란희! 지금 누굴 가르치려 드는 거냐."

정태팔의 목소리에 노기가 서렸다. 하지만 란희는 주눅 들지 않고 대꾸했다.

"선생님이 도와주셔야 해요. 지금 아름이는 어딘지도 모르는 곳에 갇혀 있어요. 네? 말씀해 주세요."

"알아서 뭘 하려고! 너희가 뭘 할 수 있는데!"

"뭐든지요. 뭐든지 할 거예요."

란희는 애절한 눈빛으로 애원했다.

"…."

"선생님! 아름이가 위험해요. 제발요. 도와주세요."

한동안 침묵을 지키던 정태팔이 마침내 입을 열었다. 그리고 그간의 사정을 털어 놓기 시작했다.

"나는 아니다. 프로그램 진행 정도를 제로에게 알려 주기는 했지만 다른 건 정말 모른다. 나 역시 노트북이 도난당한 날, 제로에게 납치당했다. 며칠 동안 어딘가에 갇혀 있다가 풀려났지. 그리고 학교에 돌아와 보니 범죄자 취급을 하더구나. 그런 납치는 몇 번이나 계속됐다. 이유도 모른 채 몇 번이나 갇혀 있다가 풀려났어. 그리고 그때마다 경찰 조사를 받아야 했다."

노을은 거짓말하지 말라고 소리칠 뻔했다. 너무 급조한 느낌의 변명이었다. 그런데 란희가 선수를 쳤다.

"누구 짐작 가는 사람도 없어요? 선생님 말고 씨씨에 대해 알고 있는 사람이요."

"혜연이가 알고 있기는 하지. 아, 혜연이는 친구다."

"류건 선생님은 아는 사람이 정태팔 선생님밖에 없다고 증언했다던데요."

란희는 10년 전 수사 자료를 떠올렸다.

"내가 말했다. 밥 먹다가 툭 튀어나온 얘기였을 뿐이야. 그러니 그것만으로 혜연이를 의심할 수는 없다. 억울한 건 나 하나로 충분해."

아이들은 머릿속이 어지러워짐을 느꼈다. 정태팔은 정혜연이 가져갔다는 어떤 증거도 없다고 강조하기까지 했다.

"그런데 선생님은 왜 계속 가두는 거예요?"

"모른다. 그냥 어느 날 갑자기 정신을 잃었다가 깨어나면 아무것도 없는 창고 안이었어. 그곳에 하루나 이틀쯤 가둬 두더구나. 그리고 다시 정신을 잃었다가 깨어나면 공원이나 강변에 있는 벤치 같은 곳이었다. 그런 일이 반복될 때마다 난 경찰 조사를 받아야 했어. 나는 정말 억울하다. 이건 음모야."

그렇게 말하는 정태팔의 얼굴에 고뇌가 가득했다.

"이해할 수가 없어요."

"그래도 직접적으로 위협을 받은 적은 없다. 아마 아름이도 괜찮을 거다. 그러니까 괜히 들쑤시고 다니지 말고 얌전히 기다려."

처음에는 정태팔을 의심하던 노을도 점점 그의 말을 믿는 쪽으로 마음이 기울었다. 다시 란희의 애원이 이어지자, 정태팔은 마지

못해 정혜연의 핸드폰 번호를 알려 주었다.

인사를 하고 돌아가려는 아이들에게 정태팔이 말했다.

"제로는 아직도 학교를 주시하고 있을 거다. 뭘 할 건지는 모르겠지만, 눈에 띄지 않는 게 좋을 거야."

상담실에서 나오자마자 노을은 정혜연에게 전화를 걸었다. 물론, 연결되지 않았다. 정태팔은 아닐 거라고 말했지만 노을은 그녀가 의심스러웠다.

정태팔의 말이 모두 사실이라고 해 보자. 범인은 정태팔이 노트북을 제로에게 넘긴 것처럼 꾸몄다. 그것도 상당히 공을 들여서 말이다. 그건 정태팔이 혐의를 벗으면 곤란할 사람이 범인이라는 의미일 것이다.

"그런데 정태팔 쌤은 왜 입을 다물고 있었던 거지? 그 여자도 알고 있었다는 사실을 말하면 어느 정도 의심을 피할 수 있었을 텐데. 경찰 조사도 그렇지만 류건 쌤한테 맞기까지 했잖아."

란희는 정태팔을 이해할 수 없었다. 사람이 고지식한 것도 정도가 있었다.

"감싸 준 게 아닐까. 아니면 'X'가 범인이라고 믿고 싶지 않았거나."

어쩐지 그런 생각이 들었다. 노을도 아버지가 관련이 없다고 믿고 싶어서 제대로 확인하지 않고 있었으니까.

노을은 컨테이너 창고에서 봤던 편지가 떠올랐다. 'X'의 미안하다는 메시지는 어쩌면 자신의 사물함을 열어 볼 누군가를 위해 남겨 둔 것이 아닐까.

"어렵다."

세 사람은 회색 복도를 터덜터덜 걸었다. 수확이라면 정혜연의 핸드폰 번호를 알아낸 것뿐이었다. 동아리 방으로 돌아온 세 사람은 누가 먼저라고 할 것도 없이 한숨을 내쉬었다. 그때 노을의 핸드폰에서 피피의 목소리가 들려왔다.

"다녀왔어?"

"악!"

갑자기 들려온 피피의 목소리에 란희가 외마디 비명을 질렀다.

"흠흠. 놀랐잖아. 정혜연에 대한 정보가 필요해."

란희가 정신을 가다듬고 부탁했다.

모니터에 정혜연이 가입한 인터넷 사이트와 로그인 정보, 게시글 등이 떠올랐다. 란희와 파랑은 자료들을 읽기 시작했다. 하지만 별다른 것은 보이질 않았다. 핸드폰 위치 추적을 해 봤지만, 아름이 사라진 날 오후부터 정혜연의 자택에서 신호가 움직이지 않고 있었다.

"정보를 다루는 데니까 보안은 철저하겠지. 아름이가 갇힌 장소를 찾을 단서가 부족해."

모니터를 노려보는 란희의 표정이 점점 더 어두워졌다.

"피피, 신호가 사라진 지점을 보여 줘."

노을이 말하자 모니터에 지도가 떠올랐다.

"여기가 아름이의 신호가 사라진 지점이야."

"바다네."

란희의 말처럼 아무것도 없이 검푸른 파도가 넘실거리는 바다였다. 계속 나오는 사진 모두 바다였다.

"수중도시라도 있는 게 아니라면 섬이겠지. 문제는 여기서부터 어디까지를 찾아야 하는지 모른다는 거네."

파랑의 침착한 목소리가 이어졌다.

"맞아. 김연주 쌤의 신호도 근처에서 사라졌어."

노을이 답했다.

"김연주 선생님 신호도 지도에 표시해 봐."

파랑의 말에 지도에 점 2개가 나타났다. 멍하니 점을 쳐다보던 노을이 무언가가 떠오른 듯 중얼거렸다.

"람보르기니."

"뭐?"

"람보르기니 말이야. 고가의 차량에는 도난방지용 GPS가 장착되어 있어. 피피, CCTV에 찍힌 차량 번호 확인해서 위치 추적 해 줘. 적어도 어디서 배를 탔는지는 나올 거야."

잠시 후 지도에 또 하나의 점이 표시되었다. 점은 이번에도 바다 한가운데를 지목하고 있었다.

"여기가 람보르기니의 GPS가 사라진 지점이야. 차를 배에 싣고

간 건가?"

지도에 점 3개가 나타나 깜박거렸다. 란희는 지도에서 시선을 거두고 파랑을 쳐다봤다.

"이 세 점을 잇는 삼각형을 그리고 이 안부터 수색하면 될 것 같지 않아?"

"삼각형 면적이면 서울보다 클 거야."

"그렇게 넓다고?"

란희가 되물었다.

"맞아. 서울의 면적은 약 605㎢야. 이 삼각형의 면적은 880㎢고."

피피의 설명이 추가되자 란희는 인상을 찌푸린 채 지도를 다시 살폈다.

노을은 아버지의 핸드폰 정보도 말해야 하나 망설였다. 노을이 입을 달싹거리려고 하는데 파랑이 먼저 말을 꺼냈다.

"제로 기지에 전파방해 장치가 있다고 전제하면 기지는 이 세 점에서 같은 거리만큼 떨어진 곳이 아닐까? 이 삼각형의 세 꼭짓점과 만나는 외접원의 중심, 외심 말이야."

"외심? 피피, 외심 근처에 섬이 있는지 확인해 줘!"

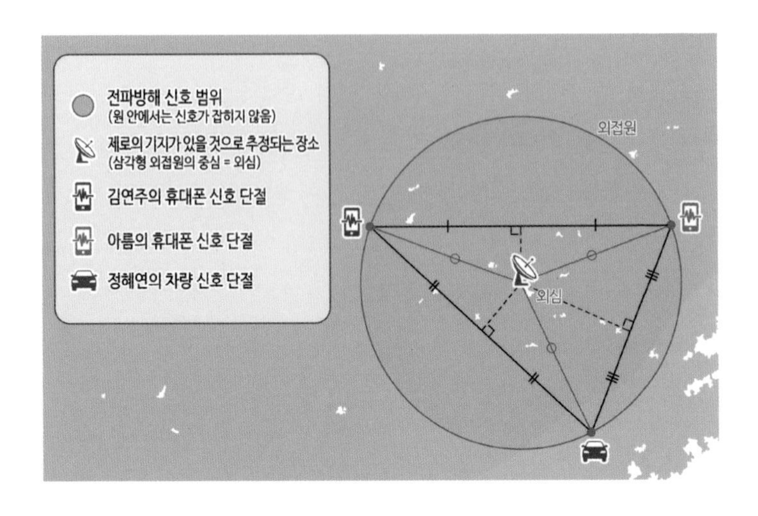

지도 위에 그려진 삼각형 세 변의 각 중점에서 수직으로 선분이 그려졌다. 그리고 3개의 선분이 만나는 점이 생겼다. 외접원의 중심이기도 한 '삼각형의 외심'이었다.

"작은 무인도가 10개 정도 있어."

"뭐가 그렇게 많아."

"그러게. 그런데 제로도 인터넷은 써야 할 거 아니야. 씨씨를 활용해야 하니까. 바다 한가운데에서 인터넷이 가능할까?"

란희가 이상하다는 듯 말하자, 파랑의 머릿속에 몇 가지 가능성이 떠올랐다.

"위성? 아니면 해저통신케이블?"

"그래! 바다 밑으로 연결된 해저통신케이블! 피피! 근처를 지나는 해저통신케이블이 있는지 지도에 표시해 줘."

노을의 말이 끝나자마자 3개의 선이 지도 위에 표시되었다. 그리고 그 선들은 한 점에서 만났다. 그 점은 아이들이 그린 삼각형의 외심을 살짝 비켜 가고 있었다.

"피피, 이 점 근처에 섬이 몇 개나 있어?"

"근처면 몇 킬로미터 이내를 말하는 거지?"

"음. 이 3개의 케이블을 모두 이용할 수 있을 정도의 거리?"

"그럼 2개로 압축돼."

"그 섬을 자세히 보여 줘."

피피가 섬의 위성사진을 다시 모니터에 띄웠다. 하지만 녹음이 우거진 무인도일 뿐이었다. 피피는 계속해서 섬 사진을 보여 주었다. 화면을 뒤덮을 듯이 떠오른 사진을 하나씩 훑어보던 파랑이 무언가를 발견했다.

"이거 콘크리트 아니야?"

파랑이 가리킨 사진에 나무 사이로 회색의 무언가가 보였다. CCTV로 추정되는 물체들과 나무에 가려진 건물도 얼핏 보였다.

"조금 더 확대할 수는 없을까?"

노을의 요청에 조금 더 확대된 사진이 나타났다.

"저 섬의 CCTV는 볼 수 없어?"

"이곳은 내부 통신망을 사용해. 완벽하게 독립된 상태인 것 같아. 전파가 닿질 않아서 지금은 나도 어떻게 할 수가 없어."

"그럼 여기가 맞는 거 아니야?"

란희가 끼어들었다.

"맞다고 해도 여기까지 어떻게 가지? 배를 타야 하나?"

배라니.

"정 차장님한테 말해 볼까? 나 연락처 있어."

란희는 올림피아드 사건 때 받아 둔 명함을 떠올렸다. 책상 속 어딘가에 처박혀 있겠지만, 버리지는 않았다. 하지만 노을은 고개를 저었다.

"아니. 전화든 이메일이든 안 돼. 어떤 식으로든 제로가 눈치챌 거야. 그리고 장형우가 옆에 있으면 큰일이고."

"흐음."

그렇다면 결론은 간단했다. 생각을 정리한 파랑이 물었다.

"어떻게든 우리끼리 해야 한다는 거지?"

"응."

노을이 단호하게 대답하자, 란희는 손톱을 질겅질겅 깨물었다.

"일단 배를 구해야 해. 축제 지원금 받은 걸로 구할 수 있을까?"

"구한다고 해도 배를 몰 사람이 없어."

파랑의 말대로 배가 가장 큰 문제였다. 지원금이 있으니 그 돈으로 배를 빌린다고 해도 몰 수 있는 사람이 없었다.

"전파방해 장치도 있는데, 접근을 감시하는 장비도 있지 않을까. 피피, 혹시 확인할 수 있어?"

"섬에서 보이는 레이더가 감시 기능을 하는 것 같은데, 지금 파악하기에는 반경 10km 정도야."

피피의 명쾌한 대답에 아이들의 표정이 급격히 어두워졌다.

"그럼 배를 타고 간다고 해도 그 안으로는 접근을 못 한다는 거잖아."

"고무보트는 레이더에 걸리지 않는다고 영화에서 본 것 같은데? 일단 근처까지 간 다음에 우리도 고무보트로 이동하자."

란희는 할리우드 영화에서 본 침투 장면을 떠올렸다.

"고무보트는 또 어떻게 구해."

"축제 지원 비용으로 살 수 없을까? 우리 하나도 안 썼잖아. 피피, 고무보트는 얼마 정도 해?"

"해상용으로 보여 줄게."

화면에 인터넷 쇼핑몰 사이트가 착착 떠올랐다. 지원금으로는 턱도 없는 가격이었다. 고무보트의 가격표를 노려보던 노을이 말했다.

"피피, 혹시 내 통장 잔액 고쳐 줄 수 있어?"

"당연하지. 난 완벽하니까."

"미쳤어?"

란희가 버럭 소리를 질렀다.

"그럼 어떻게 해."

"어떻게 하긴! 그건 범죄야. 그러면 제로랑 다를 게 뭐야."

"방법이 없잖아."

"방법이 왜 없어. 잊었어?"

"뭘 잊어."

"나 부자잖아. 피피, 내 대한은행 통장 잔액 확인해 줘."

란희의 말에 피피가 은행 사이트에 접속했다. 잔액이 표시되자 노을의 눈이 동그래졌다.

"일단 이걸로 해결해 보자. 그동안 소처럼 모은 건데."

노을은 다시 잔액을 확인했다. 그러고도 믿을 수 없어서 눈을 한번 비비고 다시 들여다보았다. 파랑도 당황한 눈치였다. 노을이 설명을 요구하는 표정을 지었다.

"이게 다 무슨 돈이야? 설마 나 몰래 은행이라도 턴 거야?"

"무슨 돈은! 그동안 너 감시하면서 번 돈이지."

"헐. 이렇게나 많이 받았어? 와, 이 배신감. 지금까지 내가 받은 용돈 다 합쳐도 네 돈의 반의반도 안 되겠다."

"말은 똑바로 하셔. 내가 많이 받은 게 아니라 네가 그만큼 사고를 쳤다는 뜻이거든!"

파랑이 픽 웃자, 노을은 뻘쭘해졌다.

"아무리 노을이가 사고를 많이 쳤어도 이렇게 모은 건 란희가 대단한 게 맞아."

파랑이 대견하다는 듯 란희를 바라봤다.

"어! 그러고 보니 아이스크림도 맨날 내가 샀던 거 같아! 아, 억울해!"

노을이 괴로워하며 머리를 감쌌다. 그때 파랑이 조심스레 말했다.

"이걸 우리가 써도 되겠어?"

"방법이 없잖아. 그리고 난 노을이가 앞으로도 꾸준히 사고를 쳐 줄 거라고 믿어."

란희는 그렇게 말했지만, 처음부터 노을에게 돈이 필요한 때가 오면 주려고 모으고 있었던 것이다.

"그럼 이걸로 고무보트를 사고 배는 빌리자."

"그런데 누가 빌려줄까?"

아이들끼리 배를 빌린다고 하면 빌려줄 데가 없을 것이다. 게다가 공해역으로 넘어가야 했다.

"아! 태수네 요트 있댔어."

란희가 기억을 떠올리며 말했다.

"요트?"

노을은 태수에게 부탁하고 싶지는 않았다. 하지만 아름이가 위험한 마당에 자존심을 세울 수는 없었다. 그건 파랑과 란희도 마찬가지였다.

"내가 물어볼게."

란희의 말에 노을이 고개를 저었다.

"나랑 같은 방이잖아. 내가 물어볼게."

"그래. 준비해서 최대한 빨리 출발하자."
란희가 결의를 다졌다. 그러자 파랑이 물었다.
"그런데 건물 안으로는 어떻게 들어가려고?"
아이들은 다시 위성사진을 노려보았다. 하지만 더 이상 확인할 방법이 없었다. 사진상으로 보이는 건물은 모던한 별장 느낌이었고, 큰 규모도 아니었다.
"악의 소굴치고 좀 작긴 하다. 그럼 지키는 사람도 많지 않을 테니 다행인 건가?"
"아니야. 이걸 봐."
피피가 예전에 찍힌 것으로 추정되는 위성사진을 보여 주었다. 섬에 배가 정박해 있는 사진인데, 30명도 넘는 사람이 건물 앞에서 있었다.
"보이는 건물이 다가 아니라는 거네. 그럼 지하? 그래! 환풍구!! 외부와 연결된 환풍구 없을까?"
란희의 말에 피피가 대답했다.
"환풍구는 확인되지 않지만, 이 섬 동쪽의 하단부에 물이 빠져나가는 수로가 있어."
"수로?"
피피는 수로 영상을 위성으로 연결해서 실시간으로 보여 주었다. 흐릿하긴 했지만 건물에서부터 바다를 향해 나 있는 수로를 확인할 수 있었다.

"이리로 들어가면 되겠네."

란희가 호탕하게 말했다. 하지만 그 말이 끝나기가 무섭게 잠잠하던 수로에서 물이 쏟아져 나오기 시작했다. 그 모습을 지켜보던 파랑이 가라앉은 목소리로 말했다.

"위험해."

"물이 안 나올 때도 있어. 그때 들어가면 되잖아."

"건물 안에 들어가기 전에 물이 흘러나오면? 물살이 꽤 셀 거야. 물에 휩쓸려 나올 수도 있어."

"흐음."

아이들은 다시 화면을 노려보았다. 그때였다. 수로에서 빠져나가는 물의 양이 대폭 늘어났다. 얼마간 물이 쏟아져 나온 뒤에는 물이 다시 잦아들었다.

"규칙이 있다면 모를까."

파랑의 말에 아이들은 홀린 것처럼 그 모습을 지켜보았다. 파랑은 펜을 들고 무언가를 메모하기 시작했다.

수로에서 물이 빠져나가는 시점은 규칙적이지 않았다. 정각에 물이 빠져나간 후로 12분 뒤에 물이 빠져나가고, 다시 3분 뒤에 물이 빠져나갔다. 그리고 9분 뒤, 다시 6분 뒤에 물이 빠져나갔다. 그 이후로도 6분 후, 9분 후에 배출되었다. 물의 양도 규칙적이지 않았다. 정각에 빠져나간 물의 양보다 그 뒤에 빠져나간 물의 양이 더 적었다.

주어진 정보를 적어 내려가던 파랑이 무언가를 발견하고 피피에게 물었다.

"피피, 혹시 빠져나가는 물의 양을 알 수 있어?"

피피가 바로 답했다.

"정확한 양을 측정할 수는 없지만, 수로의 높이와 물이 빠져나오는 속도와 시간으로 추정하면 정각에는 100톤, 그 이후에는 50톤 정도야."

파랑의 눈이 반짝였다.

"처음에 수로에 가득 찬 물이 흘러나간 뒤로 시간을 생각해 보면 12분, 15분, 24분, 30분, 36분, 45분 후에 물이 빠져나왔어."

"대중없네."

란희는 인상을 썼다. 하지만 파랑의 표정은 어둡지 않았다.

"아니야. 12의 배수, 15의 배수가 반복되고 있어. 그리고 정각 이후로 물의 양이 반으로 줄었잖아. 아무래도 내부에서 물이 흘러나오는 수로가 두 곳인 것 같아. 하나는 12분마다, 다른 하나는 15분마다 흘러나오는 거지."

"12분 간격과 15분 간격으로 규칙적으로 물이 흘러나오고 있다는 소리야? 그렇다면 다음은 3분 뒤인 48분이겠네."

"응. 지금."

파랑의 말이 끝나기가 무섭게 수로에서 물이 흘러나왔다.

"그럼 12와 15의 최소공배수가 60이니까 60분, 1시간마다 같은

패턴으로 물이 빠져나오는 거야. 그런데 조금 전 5시 정각에 수로를 가득 채운 물이 흘러나왔어. 즉, 매시 정각에 물이 완전히 빠져나오고 잦아드는 때가 있어. 그때 안으로 들어가는 거야. 12분 뒤에 다시 물이 배출될 테니까 그전까지 기지와 연결된 곳을 찾아야 해. 만약 못 찾더라도 최소한 2개의 수로가 만나는 지점까지는 가야 해. 여차하면 반대 수로에서 잠깐 기다렸다가 옆 수로에서 물이 흘러나가면 다시 시간을 계산하면서 출구를 찾는 방법이 있어."

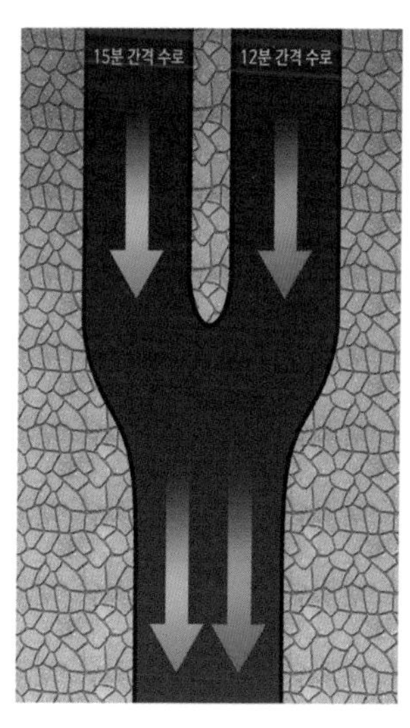

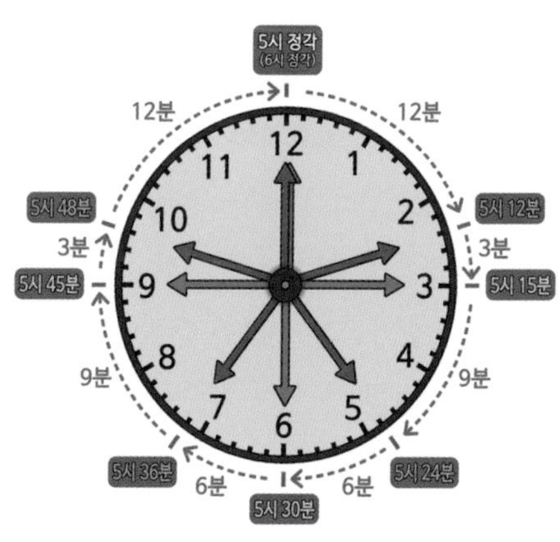

파랑의 말에 란희가 손바닥을 탁 마주쳤다.
"역시, 악당은 지게 되어 있다니까."
"그럴싸하다."
노을도 동조했다.
"그런데 제한시간 안에 수로를 빠져나가지 못하면 물에 휩쓸릴 거야. 많이 위험할 수도 있어."
파랑이 조심스레 말했다.
하지만 그 정도는 감수해야 했다. 수로를 응시하던 란희가 물었다.
"어떻게든 들어갈 수는 있을 것 같은데, 구하는 건 어떻게 구해?"
"일단 들어가면 어떻게든 되지 않을까?"
역시, 노을은 이런 상황에서도 생각이 없었다.
"대책 없는 영혼이여, 머리를 써 보자."
아름을 구하기 위한 구체적인 계획을 세운 후 노을은 태수를 찾기 위해 동아리 방을 나섰다.
태수가 있을 곳이라면 뻔했다. 곧장 도서실로 직행한 노을은 스터디 룸에 혼자 있는 태수를 발견했다. 노을은 몇 초간 주저하다 문을 열고 들어갔다.
"무슨 일이야?"
"도움 필요하면 말하라고 했지?"

"응."

태수는 경청하겠다는 듯 읽고 있던 책을 덮었다.

"아름이 구하러 갈 거야. 너희 집에 요트 있다면서. 빌릴 수 있을까?

"언제 갈 건데?"

"축제 전날 수업 끝나는 대로 출발할 거야. 이틀? 사흘? 모르겠다. 얼마나 걸릴지."

"될 거야. 너랑 간다고 하면 사흘이 아니라 한 달도 빌려주실걸. 확인해 볼게."

노을이 긴장한 것과 달리 태수는 허무할 정도로 쉽게 허락했다.

"고맙다."

"대신 조건이 있어."

'그럼 그렇지.'

하지만 노을로서는 조건이 무엇이든 들어줄 수밖에 없었다. 그래서 최대한 성질을 죽이고 물었다.

"무슨 조건인데?"

"나도 갈 거야."

"어?"

4장

첫 번째 축제

4:00

선물엔 죄가 없다

수업이 한창 진행 중이었지만 노을의 귀에는 하나도 들어오지 않았다. 출발하기 전에 준비해야 할 것들이 머릿속을 맴돌았다. 평소 꼼꼼함과는 거리가 먼 노을이었지만, 오늘만은 예외였다. 아름을 구하러 가야 하는 날이니까.

수업이 끝나자 교실이 왁자지껄해졌다. 아이들은 하루 앞으로 다가온 축제로 인해 한껏 들떠 있었다.

잠시 후 앞문이 열리고 정태팔이 모습을 드러냈다.

"조용! 내일부터 축제다. 오늘 방과 후 수업은 없으니 각자 동아리로 가서 준비하면 된다. 축제 준비하느라 다들 들떠 있다는 거 알고 있다. 축제 끝나면 바로 학업에 복귀할 수 있도록 한다. 알았나?"

정태팔의 말에 아이들의 표정이 구겨졌다. 축제 전날까지 공부 타령이라니. 친절한 김연주가 그리워지는 순간이었다. 정태팔이 나가자 교실은 다시 소란해졌다.

노을과 파랑이 자리에서 일어나자, 태수도 따라나섰다. 세 사람은 기숙사로 향했다. 노을 옆에서 걷던 태수가 넌지시 물었다.

"몇 시에 출발할 거야? 차는 밖에 있어."

"30분 후에 기숙사 앞에서 만나는 게 어때?"

노을의 말에 태수와 파랑이 고개를 끄덕였다. 노을은 태수와 나란히 기숙사 방에 들어섰다. 몇 달 동안 같은 방을 썼지만, 둘이 함께 방에 들어온 것은 처음이었다.

둘은 교복을 벗어 던지고 사복으로 갈아입었다. 먼저 채비를 마친 태수가 침대에 앉아 노을을 지켜봤다. 노을은 미리 준비해 둔 밧줄이며, 손전등, 방수팩 같은 소소한 물품을 챙긴 뒤 마지막으로 핸드폰을 주머니에 넣었다. 그러곤 잠시 심호흡을 하며 마음을 다잡았다.

오늘 아침 확인해 본 아버지의 핸드폰 신호는 바다 한가운데에서 사라졌다. 어쩌면 그곳에서 마주치게 될지도 모른다는 생각에 마음이 무거웠다.

"가자."

태수의 말에 노을은 무거운 발걸음을 옮겼다. 기숙사 앞에서 파랑과 란희가 기다리고 있었다. 네 사람은 정문이 아닌 컨테이너 창고를 향해 움직였다.

란희는 오전에 외출증을 발급받으러 정태팔을 찾아갔었다. 그냥 얌전히 있으라고 윽박지르는 정태팔에게 란희가 물었다.

"10년 전에요. 실종된 류건 선생님이 어디에 계시는지 알았다면 어떻게 하셨을 것 같아요? 그냥 가만히 계셨을까요?"

정태팔은 란희를 뚫어지게 쳐다봤다. 10년 전에 류건이 제로에게 잡혀 갔다면, 그리고 자신만이 그를 구할 수 있었다면….

'나는 어떻게 했을까.'

구하러 갔을 거라고 확신할 수는 없었다.

정태팔은 자신이 겁쟁이라는 걸 알고 있었다. 하지만 한 가지는 확실했다. 기회가 있었음에도 류건을 구하러 가지 않았다면, 자신은 평생을 두고 후회했을 것이다.

잠시 멍하니 있던 정태팔은 외출증을 내어 주는 대신 밖으로 몰래 나갈 방법을 일러 주었다. 외출 기록을 남기는 게 왠지 찜찜했기 때문이다.

컨테이너 앞에 도착한 아이들은 뒷쪽으로 돌아갔다. 그곳에는 낡은 사다리가 매달려 있었다. 아이들은 컨테이너 위로 올라가 컨테이너 위에 있던 나무판자를 밀어 학교 담장과 연결했다.

"근데 들어올 때는 어쩌지?"

판자의 강도를 발끝으로 눌러 확인해 보던 란희가 담 아래를 내려다보며 물었다.

"들어올 때 일은 들어올 때 생각하자."

노을은 판자를 밟고 담장 위로 올라갔다. 노을은 란희가 무사히 넘어오는 걸 확인하고는 담 아래를 내려다보았다. 정태팔이 말했던 대로 쓰레기 수거함이 나란히 놓여 있었다. 노을은 그중에서 가장 높은 쓰레기 수거함을 밟고 내려갔다. 다른 아이들도 그 뒤를 따랐고, 마지막으로 움직인 태수만이 담 아래로 그대로 뛰어내렸다.

덕분에 담 밑에서 지켜보고 있던 란희의 눈이 휘둥그레졌다.

"허세는."

노을이 못마땅하다는 듯 투덜거렸다.

"뭐가?"

태수는 발목이 욱신거렸지만, 태연한 척 걸음을 옮겼다.

정태팔 덕분에 손쉽게 학교를 빠져나간 아이들은, 근처에 정차된 승용차로 향했다. 운전석에 앉아 있던 남자가 태수를 보고는 아는 체를 했다.

"아저씨, 요트 선착장으로 가 주세요."

아이들을 태운 차는 2시간을 달려 요트 선착장 앞에 도착했다. 아이들이 내리자 선착장 앞쪽으로 요트 한 대가 들어왔다. 요트는 선착장 앞에서 크게 선회하더니 물살을 가르며 후진으로 천천히 다가왔다.

파랑과 노을은 대형 요트를 바라보며 입을 다물지 못했다. 하얀 선체를 자랑하는 요트는 상상했던 것보다 더 고급스러웠다. 선착장에 요트가 바짝 붙자, 화물칸과 연결된 문이 기울어지며 내려왔다. 그 문은 선착장과 수평으로 연결되며 다리가 되었다.

"허락, 어떻게 받은 거야?"

요트라고는 했지만, 고급 통통배 정도로만 생각했던 노을이 물었다.

"너랑 따로 놀러 간다고 했더니 좋아하시던데. 이참에 베프라도 됐으면 하시나 봐."

태수는 씁쓸하게 웃으며 먼저 요트에 올랐다.

잠시 후 요트는 바다를 향해 미끄러지듯 나아갔다. 규칙적인 선체의 흔들림 때문이었을까. 아니면 앞으로 닥칠 일에 대한 두려움 때문이었을까. 요트 갑판 위에 서 있던 아이들은 바닷바람을 맞으며 복잡한 감정에 사로잡혔다.

"란희가 말해 준 가게에서 고무보트도 픽업해 놨어."

노을 옆으로 다가간 태수가 말했다.

"목적지는 말했어?"

"네가 준 좌표 미리 드렸어. 거기에 정박해 있으면 되는 거지?"

"응. 고맙다."

"됐어."

고맙다는 말 덕분에 분위기가 어색해져 버렸다. 그때 등 뒤에서 란희의 목소리가 들렸다.

"대박. 이리 와 봐~."

노을은 란희의 목소리에 이끌리듯 선실로 내려갔다.

고급스러운 원목 가구와 가죽 소파가 시선을 끌었다. 게다가 커튼이며, 카펫, 쿠션 모두 호피무늬였다. 그 때문인지 선실이라기보다는 마치 산장 같았다. 안쪽에는 침실과 화장실 그리고 작은 주방까지 갖춰져 있었다.

란희는 서랍까지 하나씩 열어 가며 구경했다.

"유난은. 요트 처음 타 보냐."

"어. 처음 타 봐. 너! 치사하게 나 빼 놓고 탔어? 언제?"

"여름방학에 가족여행 갔을 때. 같이 가자니까 네가 안 갔잖아. 그런데 내가 탔던 건 이거에 비하면 종이배였어."

"그래도 아깝다. 나도 따라갈걸. 괜히 튕겼네. 겨울에는 나도 따라가야지."

노을은 란희의 말을 뒤로하고 창밖으로 시선을 돌렸다.

가족여행을 또 갈 수 있을까. 아름을 구하러 간 곳에서 아버지와 마주친다면 어떻게 해야 할까. 아버지를 떠올리자 저절로 한숨이 새어 나왔다.

"왜? 긴장돼?"

"조금."

"걱정하지 마. 잘될 거야. 아름이도 구하고, 학교에서 튄 것도 안 걸리고."

노을이 긴장하자 란희가 일부러 발랄한 목소리로 말했다.

"그렇겠지. 잘되겠지. 잘될 거야."

노을은 자기암시를 걸듯 반복해서 말했다.

"그럼. 내가 그렇게 정했어. 그러니까 걱정하지 마."

란희 말대로 모두 잘될 거라고 믿고 싶었다. 노을이 다시 창밖을 쳐다보자 란희는 파랑에게로 시선을 돌렸다. 파랑은 소파에 기대 앉아 수학 문제집을 풀고 있었다.

"넌 지금 수학 문제가 눈에 들어와?"

"불안해서. 수학 문제라도 풀면 기분이 좀 나아질 것 같아서."

"어, 그래."

란희는 심각한 두 사람을 남겨 두고, 선실 밖으로 나갔다.

이미 선착장과는 한참 멀어졌고, 깊은 밤이 둘러싼 주변은 어둑했다. 검푸른 물이 넘실거리는 모습을 보고 있으니 누군가 옆에 와서 서는 게 느껴졌다. 태수였다.

"뭐 해?"

"숨 쉬고 있어."

란희는 정말로 숨 쉬는 데 집중하겠다는 듯 아무것도 보이지 않는 밤바다를 바라봤다. 대꾸할 말을 찾지 못한 태수도 밤바다로 시선을 돌렸다.

바닷바람에 태수의 앞머리가 살짝 흩날렸다. 어색해진 분위기가 이어지자, 란희가 다시 입을 열었다.

"그냥. 아름이랑 축제 생각했어."

"내일은 다 같이 축제를 볼 수 있으면 좋겠다."

"우리 동아리는 그렇다 치고, 넌 부장인데 빠져도 되는 거야?"

요트를 빌려준 건 고마웠지만, 태수가 왜 따라왔는지 이해할 수 없었다.

"걱정하지 마. 미리 준비해 뒀으니까."

"수학 퀴즈대회 한다고 했지?"

"응. 너희도 재미있는 거 하더라."

란희는 내일이면 벌어질 소동을 상상하며 쿡, 웃었다.

"노을이 아이디어야."

"나도 적었는데, 내 이름을 입력하면 어떤 그림이 나올까?"

"그걸 왜 나한테 물어봐."

"네가 알 테니까."

태수의 대꾸에 란희는 더는 미룰 수 없음을 느꼈다. 뭐라고 말해야 할까 고민하다가 솔직해지기로 했다.

"너, 얼굴이 내 스타일이야. 그래서 지금도 네가 나한테 좋아한다고 하고, 잘해 주고 하면 설레긴 해. 네가 사귀자고 했을 때 좋다고 한 건 아마도 그래서였을 거야. 생각해 보면 좋아한 건 아니었어."

"…."

"그러니까 퉁치고 없었던 일로 하자."

"처음부터 다시?"

"다시는 아니고."

"가차 없네. 선물은 마음에 들어?"

"아직 안 풀어 봤어."

"선물엔 죄가 없잖아. 버리진 말아 줘라."

"돌아가면 풀어 볼게."

란희가 조심스레 태수를 올려다보았다. 예상과 달리 태수는 웃고 있었다. 어쩐지 후련해 보였다. 때마침 시원한 바닷바람이 두 사람을 향해 불어왔다.

멍하니 테이블 앞에 앉아 있던 노을은 일어나 몸을 풀기 시작했다. 긴장 때문인지 어깨가 뻣뻣했다. 목 운동과 어깨 운동에 이어 발목을 풀고 있는데, 핸드폰에서 피피의 목소리가 들려왔다.

"조금 있으면 나랑 연결이 안 될 거야. USB는 잘 보관하고 있지?"

"혹시 몰라서 우리 모두 하나씩 가지고 있어."

"어떤 PC든 상관없어. 그 섬 내부 시스템에 접속되어 있는 PC에 USB를 꽂으면 내 복사체가 설치될 거야."

"알고 있어. 백 번은 들은 것 같다."

결국 아이들이 생각해 낸 방법은 피피를 이용하는 것이었다. 다른 계획은 없었다. 일단 피피가 시스템을 장악하면 어떻게든 될 거라고 믿었다.

"이따 봐, 노을."

"잠깐만 피피. 아버지 핸드폰 위치 말이야. 새로 잡힌 거 없지?"

"없어. 이제 연결이 끊어질 거야. 계획대로만 하면 돼."

"응, 잘 부탁해."

그 말을 끝으로 피피의 이모티콘이 사라졌다. 알고는 있었지만, 피피의 도움을 받을 수 없다는 사실이 피부로 느껴졌다.

여기까지는 피피의 도움으로 왔다. 하지만 지금부터 당분간은 온전히 자신들의 힘으로만 해결해야 한다. 게다가 아버지 문제까지…. 머리가 터질 것 같았다.

노을은 방수팩에 핸드폰을 넣어 목에 걸었다. 선상에 나가 보니 다른 세 아이는 멀찌가니 떨어져서 각자 다른 곳을 보고 있었다. 인기척을 느낀 란희가 돌아보았다.

"준비는 다 됐어?"

"응. 깜깜해서 아무것도 안 보이는데 뭘 보고 있는 거냐?"

"그냥. 심란해서."

네 사람 모두의 마음이 복잡하게 요동쳤다. 아이들의 표정이 딱딱하게 굳어 가는 가운데 요트는 예정된 장소에 멈춰 섰다.

노을은 피피의 추천으로 산 슈트 3벌을 꺼내 들었다. 고무보트와 슈트 모두 레이더 감지가 불가능한 특수 재질로 되어 있었다. 아이들은 슈트를 입고, 고무보트로 이동할 준비를 했다.

쫄쫄이와 다름없는 슈트 탓에 란희와 파랑이 인상을 찌푸렸지만, 투정을 부리지는 않았다. 각자 선실에 들어가서 쫄쫄이로 갈아입고 나온 아이들은 서로를 훑어보고는 웃음을 참지 못했다.

먼저 웃음을 터트린 사람은 란희였다. 그녀의 웃음은 모두에게 번져 갔다.

"이게 뭐야, 슈퍼 히어로도 아니고. 나는 블랙 위도우 같지 않냐?"

란희는 검은색 쫄쫄이를 입은 채로 허리에 손을 올리며 자세를 취했다. 그러자 노을이 정색했다.

"미쳤냐. 해녀 같네, 해녀. 딱 잠수복 느낌이잖아. 밋밋해서."

"이씨! 넌 머리 큰 뽀로로 같거든."

란희 말대로 파란색 쫄쫄이를 입은 노을은 뽀로로를 연상시켰다. 그나마 회색 쫄쫄이를 입은 파랑이 가장 멀쩡해 보였다. 한바탕 웃은 덕분인지 긴장이 조금 누그러졌다. 옆에서 지켜보던 태수가 입을 열었다.

"아침 해 뜰 때까지야. 그때까지 소식 없으면 신고한다."

"알았어."

"다녀와. 몸조심하고."

태수의 당부에 노을이 고개를 끄덕였다.

구명조끼를 걸친 노을이 제일 먼저 고무보트에 올랐다. 란희도 태수를 향해 한번 웃어 보이고는 고무보트에 올랐다. 마지막으로 파랑까지 타자 보트가 움직이기 시작했다.

천천히 섬 뒤쪽을 향해 가는 아이들의 눈빛이 빛났다. 지금부터는 정신을 바짝 차려야 한다. 시야가 확보되지 않은 상황이라

위험했다.
"이 방향이 맞는 거야?"
란희는 아무것도 보이지 않는 주변을 연신 두리번거렸다.
"맞겠지. 태수가 이리로 쭉 가라고 했잖아."
나침반에만 의지해서 깜깜한 바다에 떠 있으니 무서운 기분이 들었다. 무심코 하늘을 올려다보자 촘촘하게 박힌 별들이 쏟아질 듯했다. 란희는 자신도 모르게 탄성을 질렀다.
"별이 손에 닿을 것 같아!"
파랑도 하늘을 올려다보았다.
"방향은 맞아."
"어떻게 알아?"
"저게 북극성이잖아."
파랑의 손짓을 따라 시선을 돌리자 촘촘한 별들 사이로 북두칠성과 북극성이 보였다. 과학책에서만 보던 별자리를 실제로 보니 기분이 이상했다.
"이런 상황만 아니면 낭만적이었겠다."
아이들은 쏟아지는 별빛을 가르며 앞으로 나아갔다.
조금 더 나가자 섬의 윤곽이 보였다. 나무로 가려진 건물에서 조금씩 새어 나오는 빛 말고는 아무것도 보이질 않았다. 그래도 사진과 동영상으로 들여다봐서인지 미약한 빛만으로도 대략적인 형태를 가늠할 수 있었다.

섬 뒤편에 고무보트를 댄 아이들은 경사로를 따라 오르기 시작했다. 미리 알아본 대로라면 출구는 두 곳이었다. 하지만 지금 아이들이 향하는 곳은 양쪽에 위치한 출구가 아니라 건물에서 조금 떨어진 수로의 입구였다. 아이들은 서두르지 않고 조금씩 움직였다. 수로 앞에 도착하자, 누가 먼저라고 할 것도 없이 모두가 안도의 한숨을 내쉬었다.

파랑은 손목시계로 시간을 확인했다.

"2분 후야. 준비해."

"아슬아슬했네."

란희도 시간을 확인했다.

"중간중간 시간 체크하는 거 잊지 말자. 12분이야. 그러니까 우린 6분 안에 갈림길까지 가야 해. 만약 갈림길에 도달하지 못하면 남은 6분 안에 다시 여기로 돌아오는 거야."

"7분까지는 괜찮지 않아? 돌아올 때는 뛰면 되잖아."

"그래. 그러자."

잠시 후, 수로를 빠져나온 물이 바다를 향해 쏟아져 나왔다. 물이 잦아들자, 아이들은 수로 안으로 들어갔다.

아이들은 모두 손전등을 꺼내 들었다. 예상했던 것보다 천장이 높아서 걷기에 불편함은 없었다.

마음이 조급해진 노을은 전자시계를 계속 들여다보며 걸음을 재촉했다. 하지만 바닥이 미끄러워서 좀처럼 속도가 나질 않았다.

힘을 주고 걸어서인지 온몸이 욱신거렸다. 어두운 수로 안은 무척이나 공포스러웠다. 미끄럽고 질척거리는 바닥은 소름 끼칠 정도였다. 가능하다면 도망치고 싶었다.

수로를 지나가야 한다는 건 알고 있었다. 하지만 이런 곳일 거라고는 예상하지 못했다. 낙관했던 것이다. 동료를 구하는 영화 속 주인공이 된 것 같은 기분에 취해 있었는지도 모른다. 현실을 마주한 란희의 몸은 조금씩 움츠러들었다.

"그런데 여기 아름이가 없으면 어쩌지?"

앞서 걷던 노을의 목소리가 수로 안에 울렸다.

"그런 고민은 오기 전에 하라고!"

"하긴, 없으면 다시 구하러 가면 되지 뭐."

김빠지는 소리였지만 덕분에 란희의 발목을 잡던 두려움이 조금 날아갔다.

이곳 어딘가에 아름이 있을 수도 있다. 아름은 노을, 파랑과 함께 있는 자신보다 몇 배는 더 두려울 것이다. 란희는 애써 힘을 내며 걸음을 옮겼다. 어느새 겁에 질려 구부정했던 허리도 곧게 펴져 있었다.

수로에 들어온 지 5분쯤 되었을 때 아이들은 가까스로 갈림길에 섰다. 갈림길부터는 오르막길이었다. 가파른 편은 아니지만 미끄러운 바닥 탓에 자칫하면 넘어질 것 같았다.

갈림길 앞에 선 란희가 순간 멍해져서 말했다.

"물이 어느 쪽에서 빠질까?"

노을과 파랑은 말문이 막혔다. 수로에서 물이 빠지는 시간은 계산해 두었지만, 어느 쪽에서 물이 빠지는지는 알 수 없는 노릇이었다.

"물이 한순간에 빠지지는 않을 테니까 기다렸다가 물이 쏟아지는 쪽을 보고 피하는 게 나을 것 같아."

파랑의 의견에 란희의 얼굴이 하얗게 질렸다. 하지만 다른 대안이 없었다.

그때 요란한 소리가 들려왔다. 윙윙거리며 울리는 소리로는 방향을 가늠할 수 없었기 때문에 아이들은 조금 더 기다려야 했다. 숨 막히는 기다림의 시간이 지나고 오른쪽에서 물이 흐르기 시작했다.

아이들은 다급하게 왼쪽으로 걸음을 옮겼다. 윙윙거리는 소리가 점점 더 커지고, 수로가 진동하기 시작했다. 아이들의 심장도 둥둥거리며 뛰었다.

물소리와 진동이 정점에 달했을 때 아이들의 눈앞에서 거대한 물줄기가 쏟아져 내려왔다. 란희는 귀를 틀어막은 채 순식간에 자신들이 서 있던 자리를 잠식한 물줄기를 멍하니 바라보았다.

"휩쓸리면 끝장이다."

란희가 중얼거렸지만, 물소리 때문에 아무도 듣지 못했다.

한쪽 수로를 가득 채웠던 물이 빠져나가자 아이들은 재빨리 오른쪽 길로 움직였다. 3분 뒤면 왼쪽에서 물이 빠질 것이다.

다음 물이 내려오는 시간은 12분 후였다. 노을이 다시 앞장섰다. 그 안에 건물로 올라갈 방법을 찾지 못하면 갈림길로 돌아와야 한다. 안전을 생각하면 6분 안에 방법을 찾아야 했다.

"올라가는 길이 있을까?"

손전등을 천장 쪽으로 비추며 란희가 말했다. 항상 긍정적인 란희였지만, 조금 전 쏟아져 나가는 물줄기를 본 다음부터 급격하게 비관적이 되어 가고 있었다.

"남은 시간 9분."

파랑은 수시로 시간을 확인해서 알려 주었다. 아이들은 초조한 마음을 다잡고 연신 손전등 불빛을 비추며 걸음을 재촉했다. 하지만 어둡고 미끄러운 수로 안에서 빨리 움직이는 일은 쉽지 않았다.

"남은 시간 6분. 안 될 것 같아. 돌아가자."

그때였다. 노을의 눈에 간이 사다리로 추정되는 물체가 보였다.

"차, 찾았어! 찾은 것 같아!"

"뭐?"

"저기 뭔가 있어!!"

노을이 달려갔다.

"같이 가!!"

덩달아 란희도 달렸다.

"시간이 없어. 일단 나갔다가 물이 빠지면 다시 오자."

파랑이 만류했지만, 노을과 란희는 이미 저만치 멀어진 다음이었다.

"사다리가 코앞인데 무슨 소리야! 6분이나 남았잖아."

도착해 보니 사다리 위쪽에 작은 출입문이 있었다. 아이들은 차례대로 간이 사다리에 매달려 올라갔다. 가장 먼저 올라간 건 노을이었다. 그다음엔 란희, 마지막으로 파랑이 올라갔다.

처음에는 쉽게 생각했지만, 칸이 넓은 사다리를 오르는 일은 만만치 않았다. 게다가 사다리가 물에 젖어 미끄러웠다.

"2분 30초 남았어."

아래에서 올라오는 파랑의 말에 란희의 마음이 다급해졌다. 노을은 1분 42초를 남겨 놓고 문 앞에 도착했다.

"없어."

란희의 머리 위에서 노을의 절망적인 목소리가 들렸다.

"뭐가 없어?"

"손잡이가 없어! 문 어떻게 열지?"

"밀어!"

노을이 문을 밀어 봤지만 꿈쩍도 하지 않았다. 노을은 점점 더 초조해졌다. 사다리 윗부분까지 축축하게 젖어 있는 걸로 봐서는 이 꼭대기까지 물이 차오르는 것 같았다.

"안 밀려."

"그럼 어떻게 해!!! 지금이라도 내려가자."

"늦었어. 50초 남았어. 문을 열어야 해. 주변을 잘 봐. 열 방법이 있을 거야."

시간을 체크하던 파랑이 침착하게 말했다.

"보이는 건 다 눌러!"

노을은 문 주위를 이리저리 살펴보다가 웅웅거리는 소리가 들리자 사색이 되었다.

"30초."

파랑의 목소리도 살짝 떨렸다. 조금 전 갈림길에서 목격했던 물줄기가 눈앞에서 아른거리는 것 같았다.

"차, 찾은 것 같아."

물의 진동이 강하게 느껴지기 시작했을 때, 노을이 문 아래쪽에 달린 작은 버튼을 발견했다. 버튼을 누르자 문은 아주 쉽게 열렸다.

노을이 빠져나온 다음 란희를 끌어올렸다. 마지막으로 파랑이 들어서자마자 물줄기가 들이닥쳤다.

"아아, 죽을 뻔했다."

아이들은 멍하니 발밑에서 쏟아지는 물줄기를 바라봤다. 그리고 고개를 들어 보니 창고 같은 곳이었다. 안에는 각종 공구와 자재 그리고 수리 중인 것처럼 보이는 기계들이 가득했다.

"여기 누가 있었으면 우린 망한 거였네."

란희가 탄식하듯 말했다.

"그, 그렇지."

"이 사고뭉치야! 그니까 생각 좀 하고 움직여!!"

"너도 같이 뛰어 놓고."

발끈해서 항의하려던 노을은 란희의 차가운 시선을 받으며 점점 목소리를 줄였다.

"컴퓨터를 찾아야 해."

파랑이 아이들을 재촉하며 주위를 둘러보았다. 피피가 연결되어야 이 불안함이 가실 것 같았다. 하지만 이곳에는 컴퓨터가 없었다. 밖의 동태를 살피던 노을은 누군가 다가오는 걸 보고 기겁했다.

"누가 온다!"

"어떡해. 하늘이 무너져도 솟아날 구멍은 있댔는데."

그때 란희가 솟아날 구멍을 발견했다.

"환풍구로 올라가자!"

란희가 천장을 지목하자, 파랑이 쌓여 있는 박스를 밟고 올라가 환풍구 뚜껑을 열었다. 파랑이 먼저 올라가서 란희를 끌어올렸다. 마지막으로 노을이 올라서자마자 문이 열렸다.

방으로 들어온 사람은 2명이었다.

노을은 자신도 모르게 침을 꼴깍 삼켰다. 환풍구 뚜껑을 닫을 시간이 없었기 때문에 누군가 올려다보기라도 한다면 단번에 걸릴 것이다. 등줄기에서 식은땀이 흘러내렸다.

"오늘까지 수로 입구 쪽 균열 메우래."

"하라면 해야지. 장비 챙겨서 가자."

두 사람이 공구를 챙겨서 나갈 때까지 아이들은 숨도 쉬지 못하고 있었다. 두 사람이 사라진 걸 확인한 노을은 조심스럽게 환풍구 뚜껑을 닫았다.

"다른 방으로 가자. 컴퓨터만 찾으면 돼, 컴퓨터만."

노을이 앞장섰다. 환풍구는 어둡고 습했지만 제법 넓은 편이라 움직이기에 불편하지는 않았다. 아이들은 최대한 소리를 내지 않으려고 애썼다. 란희가 앞서가는 노을을 향해 작게 투덜거렸다.

"환풍구랑 나랑 무슨 인연인 거냐. 설마 운명인 건가."

아이들은 앞으로 계속 이동했다. 갈림길이 없었기 때문에 선택의 여지가 없었다. 그래도 혹시 몰라서 중간중간 유성펜으로 표시를 남겼다.

환풍구 아래로 보이는 넓고 탁 트인 공간에는 많은 사람이 오고 가고 있었다. 은은한 방향제 냄새가 날 것 같은 넓은 공간은 청결하고 안락해 보이기까지 했다. 그렇다고 방심할 수는 없었다. 아이들은 긴장을 늦추지 않은 채 계속 전진했다. 그런데 앞서가던 노을이 움직임을 멈췄다.

환풍 통로가 아래로 급격하게 꺾여 있었다. 내려갈 수 있는 어떤 장치나 사다리 같은 것도 보이지 않았다.

노을은 아래를 내려다보며 망설였다. 뛰어내려도 될 정도의 높이였다. 하지만 소리가 문제였다. 아래에 사람이 있다면 분명 수상하게 여길 것이다.

그때 파랑이 입을 열었다.

"밧줄 가져온 거 있지?"

"밧줄로 어쩌려고?"

"저 배관에 묶으면 쉽게 내려갈 수 있지 않을까 해서."

노을은 파랑이 말을 끝내기도 전에 가방에서 밧줄을 꺼내 배관에 둘렀다. 그리고 밧줄을 중간중간 묶어 매듭을 지은 뒤 늘어트렸다.

"이 정도면 될 것 같은데."

밧줄을 잡아당겨 본 노을은 수직으로 된 환풍구를 타고 아래로 내려가기 시작했다.

"내려와."

노을이 란희를 향해 손짓했다.

란희가 아래를 내려다보며 망설이자, 파랑이 밧줄을 잡았다.

"먼저 내려가서 잡아 줄게."

"어? 응."

파랑이 내려가서 란희를 올려다보았다. 그리고 받아 주겠다는 듯 두 팔을 벌렸다. 란희는 밧줄을 잡고 천천히 내려갔다. 몇 걸음 내려가자, 파랑이 품에 안듯이 받아서 바닥에 내려 주었다.

"고, 고마워."

란희는 슬쩍 파랑의 얼굴을 올려다보았다. 괜스레 얼굴이 화끈거렸다.

"가자."

"으응."

아래쪽에는 여러 갈래의 통로가 있었다.

"어디로 가지?"

노을이 잠시 망설이자, 뒤따르던 파랑이 한쪽 길을 지목했다.

"큰길로만 움직이자."

아이들은 파랑의 의견대로 가장 큰 통로로 기어갔다. 가다 보니 방 하나가 나타났다. 납작 엎드린 노을이 슬쩍 방 안을 살폈다. 긴장으로 터질 것처럼 뛰는 심장 때문에 들킬 수도 있을 것 같았다.

"아무도 없어."

노을이 속삭이듯 말하자, 파랑과 란희도 고개를 내밀었다. 노을의 말대로 방은 비어 있었다. 하지만 PC가 보이질 않았다.

"다, 다음 방으로 가자."

노을의 목소리가 파르르 떨렸다. 그의 긴장을 눈치챈 파랑이 앞서 움직였다.

"내가 먼저 갈게."

파랑이 앞장서자 속도가 빨라졌다. 파랑은 이런 상황에서도 차분함을 유지하고 있었다.

다음에 도착한 방은 휴게실처럼 보였다. 눈만 내밀고 아래를 내려다본 파랑이 뒤를 돌아보며 조용히 하라는 듯 검지를 입에 댔다. PC가 보이냐고 물어보려던 노을이 입을 꾹 다물었다.

파랑은 최대한 조용히 움직였다. 뒤따르던 노을과 란희도 숨을 죽였다. 지나가며 보니 휴게실에 남자들이 잠들어 있었다.

아이들은 한참을 더 지나간 다음에야 숨을 몰아쉬었다. 긴장한 나머지 숨 쉬는 것도 잊어버린 것이다. 그 뒤에도 비슷한 상황이 이어졌다.

PC가 있는 방도 간혹 있었지만, 대부분 사람이 있었다. 그렇게 움직이다 보니 어느새 건물 중심 쪽으로 들어갔다.

어느 정도 더 들어가자 복도가 나타났다. 기다란 복도 양옆으로 문이 늘어서 있었다. 문마다 잠금 장치가 되어 있어서 비밀번호를 입력해야 출입할 수 있는 구조였다. 복도 중간중간 무장한 남자들도 돌아다니고 있었다.

비어 있으면서, PC가 있는 방을 찾는 일은 좀처럼 쉽지 않았다. 아이들은 쉼 없이 전진했다.

"아름이랑 선생님은 어디에 있을까?"

"걱정하지 마. 찾을 수 있어."

위로하듯 답했지만, 파랑도 불안하기는 마찬가지였다.

어두운 환풍구

꽤 많은 곳을 돌아다녔지만, 아름과 김연주는 보이질 않았다. 처음에는 이곳이 맞다고 확신했다. 하지만 헤매는 시간이 길어지자 슬슬 의심되기 시작했다.

노을과 란희의 표정이 어두워지고, 파랑마저 지쳐 갈 때쯤이었다.

"PC가 있어!"

자신도 모르게 큰 소리를 낸 파랑이 손으로 입을 틀어막았다. 뒤따라오던 노을이 고개를 빼고 안을 들여다보았다. 파랑의 말대로 텅 빈 방에 PC 2대가 놓여 있었다.

"내가 내려갈게."

노을이 파랑의 도움을 받아 환풍구 뚜껑을 열고 아래로 내려갔다. 주위를 잠깐 살핀 노을은 컴퓨터에 USB를 꽂았다. 이제부터는 시간과의 싸움이었다.

"됐어."

노을의 말에, 파랑이 고개를 내밀었다.

"이제 올라와."

책상을 밟고 다시 올라가려던 노을은 동작을 멈춰야 했다. 막 방에 들어서던 남자와 눈이 마주친 것이다.

"어?"

"올라와!"

파랑이 다급하게 노을을 끌어올리려고 바동거렸다. 하지만 남자가 더 빨랐다. 남자는 노을의 다리를 붙잡고 끌어내렸다. 덕분에 노을을 끌어올리려던 파랑까지 바닥으로 떨어져 내렸다.

"으악!"

패대기쳐진 상태로 파랑에게 깔리기까지 한 노을이 소리를 질렀다. 남자는 노을의 가슴을 밟고 무전기를 들었다.

"침입자가 있습니다."

남자는 일어서려는 파랑을 걷어찼다. 도망치는 게 힘들 거라는 판단이 들자 노을은 본능적으로 USB를 응시했다. 그리고 남자는 노을의 시선을 놓치지 않았다.

남자는 너무나도 쉽게 PC에 꽂혀 있는 USB를 발견했다. 남자가 USB를 뽑아 들자, 파랑과 노을의 표정이 딱딱하게 굳었다. 피피의 복사체가 깔리기에는 시간이 부족했을지도 모른다. 피피 말로는 60초가 필요하다고 했다. 하지만 그 절반의 시간도 지나지 않은 것 같았다.

위에 남아 있던 란희는 숨을 죽였다. 다행히 남자는 란희의 존재까지는 눈치채지 못한 것 같았다. 상황을 지켜보던 란희는 일단 앞쪽으로 움직였다.

USB까지 발각된 이상 자신이라도 무사히 도망쳐야 했다. 란희는 조심스럽게 움직였다. 란희가 코너를 돌아 몸을 숨기자마자, 환풍구로 남자의 얼굴이 쑥 올라왔다. 주변을 돌아본 남자는 아무도 없는 것을 확인하고 아래로 내려갔다.

노을과 파랑이 붙잡혀서인지 아래쪽이 시끄러웠다. 란희는 두 사람을 따라갈 것인지 따로 움직일 것인지 고민했다.

'시간이 부족했을 거야.'

복사체가 깔렸다면 금세 모든 일이 해결될 것이다. 하지만 그렇지 않다면 란희가 유일한 희망이었다.

란희는 혼자 컴퓨터가 있는 빈방을 찾기 시작했다. 하지만 대부분의 방에는 사람이 있었기 때문에 자세히 확인할 수 없었다. 란희는 쉬지 않고 움직였다. 정신없이 움직이다 보니 방향감각도 잃어버렸다.

노을과 파랑이 붙잡혀서인지 경계도 강화되었다. 조를 짜서 곳곳을 돌아다니며 혹시 있을지 모를 침입자를 수색하는 이들도 간혹 눈에 띄었다. 란희는 최대한 조용히 움직였다.

체력적으로 지쳐 갈 때쯤 사람이 없는 방이 나타났다. 문제는 PC도 없다는 것이었다. 란희는 아쉬워하며 다음 방으로 움직였다. 그런데 그 방에 낯익은 얼굴이 있었다.

진영진, 노을의 아버지였다.

'아저씨?'

란희는 납작 엎드려 안쪽의 상황을 살펴보았다. 진영진과 어떤 여자가 이야기를 나누고 있었다. 그런데 억양이나 말투가 마치 싸움을 하는 것 같은 느낌이었다. 란희는 이야기에 귀를 기울였다.

"나중에 말씀하시죠. 제 방에서 이만 나가 주셨으면 좋겠는데요."

여자는 대화를 끝내고 싶은 눈치였다. 하지만 진영진은 말을 이었다.

"더는 독자적인 행동을 용납할 수 없네. 납치는 범죄야."

"일전에 제가 누구도 건드리지 못할 강력한 나라를 만들려면 무엇이 필요한지 물었습니다. 그때 의원님은 정보력이라고 답하셨죠."

"…."

"상대국의 국가기밀을 알 수 있다면 외교는 물론이고 산업 쪽으로도 큰 도움을 받을 수 있다고 좋아한 건 의원님이셨습니다."

차갑고 도도한 여자의 목소리 탓에 란희는 조금 위축되었다.

"그렇지만 인질극이나 납치를 용인한 것은 아니네."

"허락을 받으려던 게 아니었는데, 뭔가 오해를 하신 것 같네요. 조용히 있다가 약속했던 정보나 받아 가세요."

"당신들은 선을 넘었어. 그 어떤 이유를 대도 이런 일은 정당화될 수 없어."

"필요악이라는 게 있습니다. 때로는 정당화될 수 없는 일을 하기도 해야죠."

"용납할 수 없다고 말했네."

여자는 어깨를 으쓱거렸다. 진영진의 결심 따위는 신경 쓰이지 않는다는 듯한 태도였다.

"그럼 할 수 없죠. 어차피 이제 당신들은 더 이상 필요 없거든요."

"무슨 뜻이지?"

진영진의 미간이 찌푸려졌다.

"류건은 지금 우리 손에 있어요. 조금 무리하긴 했지만 말입니다."

"투자자들에게서 등을 돌리겠다는 건가."

"그렇다기보다는 더는 투자자가 필요치 않은 상황인 거죠. 이곳이 우리의 전부라고 믿으시는 건 아니시겠죠. 이 시간 이후로 간섭은 사양하겠습니다."

"자네!"

"안 나가실 거면 제가 나가죠. 잠시 머리를 식히며 생각해 보세요."

여자는 그대로 방을 나섰다. 란희는 얼핏 보인 여자의 얼굴을 알아보았다. 정혜연이었다.

'역시 저 여자가 제로랑 한패였어.'

잠시 생각에 잠겨 있던 진영진이 그녀를 따라서 일어났지만 문이 열리지 않았다. 그제야 자신이 갇혔다는 걸 인지한 그는 문을 세차게 두드렸다. 하지만 밖에서는 아무런 반응이 없었다.

결국, 진영진은 쓰러지듯 침대에 걸터앉았다.

란희는 그 자리에서 잠시 기다렸다. 자신이 엿들었다는 걸 알리고 싶지 않았다. 얼마의 시간이 지났을까. 란희는 허탈해 보이는 진영진을 향해 작게 속삭였다.

"아저씨."

낯익은 목소리에 진영진이 두리번거렸다.

"여기요. 위쪽이요."

란희가 다시 말하자, 진영진이 고개를 들었다.

두 사람의 시선이 공중에서 마주쳤다. 란희의 얼굴을 알아본 진영진의 얼굴에 당혹감이 번졌다. 그런 그를 향해 란희가 배시시 웃었다. 일단 웃음으로 때우고 보자는 의도였다.

"너는?"

진영진은 믿을 수 없다는 듯 미간을 찌푸렸다.

"란희 맞아요."

"설마…."

그는 말을 잇지 못했다.

눈앞에 있는 소녀는 자신의 아들과 항상 붙어 다니던 란희였다. 그런 란희가 여기 있다면, 노을 역시 이곳 어딘가에 있을지도 모른다.

그의 기색을 눈치챈 란희가 기어들어가는 목소리로 말했다.

"노을이도 여기 와 있어요."

"너희가 어째서…?"

진영진은 말끝을 흐렸다.

"친구가 이곳에 납치되어 있어요. 그래서 구하러 왔어요. 그런데 아저씨도 계실 줄 몰랐어요. 여기 영화에서 보던 군사 시설 같네요."

위기의식 따위는 한 점도 없어 보이는 모습이었다. 하지만 란희는 그 어느 때보다도 긴장한 상태였다. 진영진이 란희의 부모에게 말하면 정말로 머리가 빡빡 밀리거나, 다시 깁스를 해야 할지도 모를 일이다.

"정말 너희끼리 여기까지 왔단 말이냐?"

"네에."

"여기가 어디라고 와!"

진영진은 고함을 지르다가 밖의 눈치를 살폈다. 겨우 화를 억누른 진영진을 지켜보는 란희 역시 식은땀이 흘렀다.

란희는 슬쩍 눈치를 보다가 팔을 내밀었다.

"일단 저 좀 내려 주세요."

진영진이 란희가 내려오는 것을 도와주었다.
"노을이는 어디에 있는 거냐?"
"노을이는 걱정하지 마세요. 완벽한 친구가 도와주고 있거든요."
"어서 돌아가. 어떻게 온 건진 모르겠지만, 여긴 너희가 있을 곳이 아니다."
"아저씨도 붙잡혀 있으신 거죠?"
"일이 좀 꼬여서 그렇다. 난 괜찮으니 어서 돌아가라."
"곧 구해 드릴게요."
진영진은 고개를 저었다.
"저들은 날 어쩌지 못해. 그러니 일단 돌아가. 노을이한테 내가 여기에 있다는 말은 하지 말고."
란희는 이미 노을이 붙잡혔다고 말할 수 없었다. 그랬다간 진영진이 다시 고함을 지를 것 같았다.
"그게… 여기서 나가려면 찾아야 할 게 있어요."
어색하게 웃은 란희는 방 안에 있을지 모를 PC를 찾았다. 정혜연의 방이라는 말에 내려오긴 했는데 PC가 보이질 않았다. 란희는 화장대 서랍을 열었다가 뒤집혀 있는 액자를 발견했다. 무심코 들어 보니 정태팔의 사물함 안쪽에 붙어 있던 사진과 같은 것이었다.
괜히 기분이 찝찝해진 란희는 다시 액자를 밀어 넣고, 진영진을 돌아보았다.

"아저씨 혹시 사람 없고, 컴퓨터만 있는 방이 어딘지 아세요?"

진영진은 잠시 고민하더니 답했다.

"내가 잠깐씩 업무를 보던 방이 있긴 한데. 왼쪽으로 네 번째 방이다. 컴퓨터는 있는데 지금 그 방에 사람이 있는지는 모르겠구나."

"일단 가 볼게요."

"위험하지 않겠니?"

"컴퓨터만 찾으면 돼요. 아저씨도 같이 가실래요?"

"나는 됐다. 내가 움직이면 너희까지 들킬 거다. 조용히 돌아가."

진영진이 고압적으로 말했다. 란희는 고개를 끄덕이고는 화장대 의자를 끌어다가 놓았다. 그리고 환풍구로 올라가기 전에 화장대 위에 있는 파우더 팩트를 방수팩에 넣었다.

진영진의 도움을 받아 환풍구로 올라간 란희는 환풍구 뚜껑을 조용히 닫았다. 진영진이 걱정스럽다는 듯 란희를 올려다보았다.

"아저씨, 다시 올게요."

그 말을 끝으로 란희는 왼쪽으로 몸을 틀었다. 나가면서 진영진이 있는 방의 구역 번호를 외우는 것도 잊지 않았다.

진영진이 말한 네 번째 방 앞에 도착한 란희는 정혜연의 방에서 가져온 파우더 팩트를 꺼내 반으로 부러트렸다.

란희는 손에 쥔 거울 부분을 방의 빛이 살짝 들어오는 환풍구 위쪽 상판의 이음새 부분에 꽂아 두고서 몇 걸음 뒤로 물러섰다. 그리고 바닥에 등을 대고 누워 거울을 보았다. 그러자 거울에 방

빛은 직진하는 성질이 있어서 거울에 반사될 때 ∠ACB와 ∠DCE의 크기가 서로 같다. 또한 ∠B=∠E=90° 직각으로 같다. 그런데 삼각형의 내각의 합은 180°이므로 남은 ∠CAB와 ∠CDE도 같다. 세 각이 모두 같은 삼각형 ABC와 삼각형 DEC는 일정한 비율로 확대 또는 축소한 닮은 도형이다(△ABC∽△DEC). 따라서 삼각형 ABC에서 삼각형 DEC로 확대된 닮음비만큼 D 지점까지 아래쪽으로 멀리 볼 수 있다.

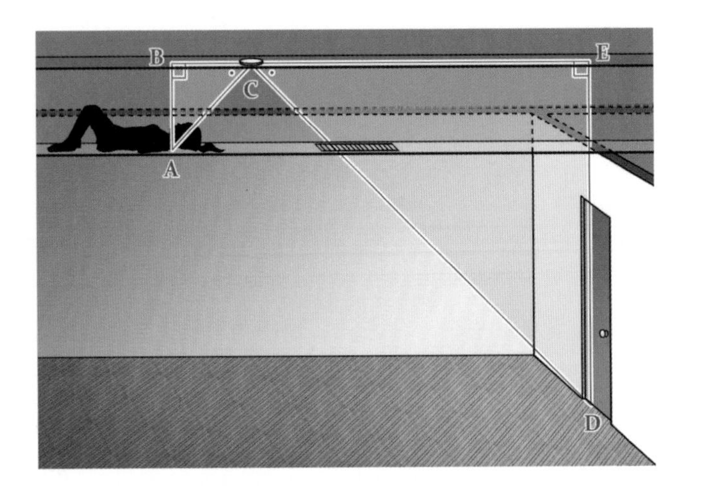

안의 모습이 비쳐 보였다. 란희는 몸을 조금씩 틀어 거울을 바라보는 방향을 바꾸면서 방 안을 확인했다.

아무도 없는 것을 확인한 다음에야 긴장을 풀고 환풍구로 다가갔다.

환풍구 뚜껑을 연 란희는 책상을 밟고 아래로 내려갔다. 책상 위에는 진영진이 말했던 노트북이 있었다. USB를 꽂은 란희는 혹시 모를 침입자를 막기 위해 문으로 향했다. 문을 잠그려는데 인기척이 느껴졌다. 당황한 란희는 재빨리 잠금 버튼을 눌렀다.

"누구냐!"

문이 잠기는 소리와 함께 날카로운 남자의 목소리가 들렸다.

문은 전자식으로 개폐되는 구조였다. 일단 안에서 잠그기는 했는데, 밖에서 열 방법이 있을지도 모른다는 생각에 머리카락이 쭈뼛 섰다.

"문 열어! 가서 카드키 가져와!"

누군가 문을 두드리는 소리와 함께 고성이 들렸다. 란희는 다급하게 환풍구를 올려다보았다. 내려오기는 했지만, 누군가의 도움 없이 올라갈 방법은 없었다.

"어쩌지."

란희가 발을 동동 굴렀다.

반가운 목소리

노을은 남자에게 끌려가며 시간을 확인했다. 시간이 한참 지났지만 피피의 연결음은 들리지 않았다. 그나마 란희가 붙잡히지 않은 게 다행이랄까.

함께 끌려가는 파랑도 무의식적으로 환풍구를 힐끔거렸다.

회색 복도를 굽이굽이 지나는 동안 파랑과 노을은 많은 문을 지나쳤다. 비밀번호를 누르거나 카드를 찍으면 문이 열리는 구조였는데, 점점 문이 나타나는 빈도가 늘어나는 걸 보니 중심부로 이동하는 것 같았다.

"들어가!"

고압적인 남자의 말에 반응하듯 문이 열렸다. 그리고 그 안에는 익숙한 얼굴이 기다리고 있었다. 8호와 동아리 방에 침입했던 남자들이었다.

"침입자가 이 아이들이란 말입니까?"

8호가 인상을 쓰자, 노을과 파랑을 끌고 간 남자가 절도 있게 말했다.

“네. C 구역에서 발견했습니다.”

“경보 단계 올리세요.”

“네?”

“애들끼리 왔을 리가 없습니다.”

한심하다는 듯한 어조에 노을을 끌고 온 남자가 바짝 굳어서 대답했다.

“알겠습니다. 발견 당시 아이들이 이걸 컴퓨터에 꽂고 있었습니다. 그리고 이건 주머니에서 나온 겁니다.”

남자는 8호에게 USB 2개를 내밀었다.

“우린 할 얘기가 많겠군요, 진노을 군. 여기는 누구와 함께 왔죠?”

“우, 우리 둘이 왔어요!”

란희마저 잡힐까 봐 노을이 다급하게 외쳤다. 어설픈 거짓말에 8호는 픽 웃으며 노을에게 한 걸음 다가섰다.

“다시 묻겠습니다. 누구와 함께 왔죠?”

한결 고압적으로 바뀐 목소리에 노을의 몸이 떨렸다. 노을이 다시 둘이서 왔다고 말하려는 순간 파랑이 큰 소리로 외쳤다.

“정 차장님과 함께 왔습니다!”

노을이 놀란 눈으로 파랑을 쳐다봤다. 파랑의 거짓말에 놀란 것이었지만, 8호는 다르게 해석했다.

"좋습니다. 이쪽이 조금 더 말이 통하겠군요. 학생이 계속 말해 봐요."

파랑은 침을 꿀꺽 삼키고는 다시 입을 열었다.

"정 차장님을 졸라서 따라왔어요. 안 데려가면 신문사에 제보할 거라고 떼를 써서요."

"다른 인원은 어디에 있죠?"

"다, 다른 분들은…."

갑작스럽게 거짓말을 하려고 하니 머릿속이 복잡했다. 파랑은 진실을 적당히 섞어서 말하기로 했다. 그래야 들킬 확률이 낮을 것 같았다.

"말하세요."

"…수로 앞이요. 아직 그쪽에 있을 거예요. 저흰 보트에서 기다리기로 했는데, 작전 시간보다 먼저 들어왔어요."

"어디로 들어왔습니까."

"수로요. 수로에서 오른쪽으로 오니까 사다리가 있었어요. 그걸 타고 왔…어요."

"수로? 물이 중간중간 빠져나갈 텐데 운이 좋았군요. 섬에 함께 온 인원은 총 몇 명이죠?"

잠시 고민하던 파랑이 생각을 정리했다. 란희가 성공한다고 가정했을 때, 건물 안에 있는 무장 인원의 수를 줄여 놓는 게 좋을 것 같았다.

"그건, 음, 6인승 보트 5대로 왔어요."

"30명 정도 되겠군요. 좋습니다. 확인해 보면 되겠죠. CCTV 확인해. 수로 근처에 보트 있는지."

8호의 지시가 떨어지자, 곁에 있던 남자가 쏜살같이 달려 나갔다. 8호는 노을과 파랑을 노려보았다. 그가 아무런 말도 하지 않자, 오히려 더 긴장되었다.

침묵이 차곡차곡 쌓이면서 파랑과 노을을 압박했다. 그리고 잠시 후 방으로 전화가 걸려 왔다.

"보트로 추정되는 물체가 있긴 있다는 겁니까? 순찰조 무장해서 조용히 내보내세요. 적은 30명, 혹은 그 이상일 수 있습니다. 정문 경비 강화하고, 혹시 내부로 침입한 인원은 없는지 철저하게 체크하세요."

전화를 끊은 8호가 씩 웃었다.

"나머지 이야기는 일행을 찾은 뒤 하도록 하죠. F 구역으로 끌고 가."

두 남자가 파랑과 노을의 팔을 붙잡고 밖으로 끌어냈다. 끌려간 곳은 F 구역 입구였다. 복도를 지키고 서 있던 두 남자가 파랑과 노을을 빤히 바라봤다.

"그 애들은 뭐냐?"

"겁도 없이 들어왔더라고."

"여길? 그건 겁의 문제가 아닌데?"

"정 차장이 움직인 모양이야. 잘 지켜. 혹시 모르니까."

남자가 비밀번호를 누르고 문이 열리자, 텅 빈 방이 나왔다. 파랑과 노을을 방에 밀어 넣은 남자는 문을 닫았다. 그리고 밖에서 문이 잠기는 듯한 전자음이 들렸다.

"망했네. 여긴 환풍구 없나?"

"없어. 여긴 수감시설인가? 창문도 없고."

어느새 방을 둘러본 파랑이 대답했다.

"란희가 성공해야 할 텐데."

노을이 의자에 털썩 주저앉았을 때였다. 방수팩에 넣어 둔 핸드폰에서 반가운 소리가 들려왔다.

"딩동 _ 안녕 노을."

노을이 반색하며 핸드폰을 꺼내 들었다. 핸드폰 액정에 피피 이모티콘이 떠오르자 파랑도 안도의 한숨을 내쉬었다.

"성공했어?"

"그럼. 난 완벽하니까."

피피가 자신만만하게 답했다. 그러자 노을과 파랑의 긴장이 풀어졌다.

"진짜 반갑다, 피피."

"나도 반가워."

"아, 조금 있으면 남자들이 건물 밖으로 나갈 거야. 30명 이상일 것 같은데, 그 사람들이 나가면 건물을 봉쇄해야 해. 할 수 있겠어?"

"알았어. 정문 CCTV로 화면 고정할게."

노을과 파랑은 핸드폰 화면을 들여다보았다. 정문 앞에 사람들이 모여들기 시작했다. 무장한 남자들이 우르르 나가는 모습에 모골이 송연해졌다. 자신들이 얼마나 겁 없이 왔는지 실감이 나는 상황이었다.

"노을, 건물 밖으로 나간 사람은 모두 48명이야. 정문 앞에 대기하고 있던 인원은 전부 나갔어."

"정문이 닫히면 확실히 차단해. 그 사람들이 다시 못 들어오도록 해야 해. 수로 쪽도 차단되는 거지?"

"물론이야. 이 건물 보안이 좋네. 걱정하지 마."

사람들이 모두 나가고, 정문이 닫히자마자 노을이 외쳤다.

"지금이야. 건물 봉쇄해!"

노을의 말을 신호로 정문을 비롯한 외부와 연결된 통로가 굳게 잠겼다. 이제 밖으로 나간 이들은 있지도 않은 정 차장과 요원들을 찾기 위해 분주하게 움직일 것이다.

"됐어. 저 사람들은 이제 건물 안으로 못 들어와."

"좋아. 그리고 내가 있는 방 앞에 남자들이 지키고 있어. 그 남자들을 유인해서 가둬야 할 텐데, 마땅한 곳이 있을까?"

"왼쪽 방이 비어 있어. 그쪽 문을 열고, TV를 켜거나 해서 시선을 끌어 볼게. 둘 다 방 안으로 들어가게 한 다음 문을 잠그면 돼. 이런 방식으로 움직이면 시간은 걸려도 안전하게 이동할 수 있을 거야."

CCTV를 장악한 피피는 건물 곳곳을 보여 주며 노을에게 계획과 상황을 알려 주었다.

"아름이랑 김연주 쌤이 어디에 있는지 알 수 있을까?"

"옆방이야."

"옆방?"

"응. 오른쪽 방이야."

"그럼 됐고. 란희는 지금 어디에 있어?"

"B 구역 일곱 번째 방에 있어."

피피의 말이 끝나자 핸드폰에 작은 방이 나타났다.

화면 속 란희는 태평하게 침대에 누워 있었다. 밖에서는 문을 열라는 고함이 들리고 있었지만, 피피를 믿는 것인지 느긋해 보이기까지 했다.

"쟤 설마 자는 거야? 팔자 좋네."

"란희가 날 연결했거든. 위험해 보이길래 우선적으로 저 방만 이중 잠금 설정을 해 놨어."

"고마워. 우리가 갈 때까지 안전하겠지?"

"내가 열어 주지 않는 한 저 문이 열릴 일은 없을 거야."

"그럼 란희는 쉬게 두고. 류건 쌤은?"

"중앙통제실에 있어."

"중앙통제실 화면 보여 줘."

류건은 노트북 앞에 앉아 있었다. 그리고 주변에 남자 셋이 버티고 있었다. 그중 둘은 무장을 한 상태였다. 그 외에도 중앙통제실 안에는 사람이 많았다.

"쌤이 인질이 되면 곤란한데."

노을은 고민하다가 피피에게 말했다.

"지금 쌤이 작업하고 있는 화면에 내가 말하는 메시지를 띄워 줄 수 있을까?"

"그건 문제없는데, 뒤에 서 있는 남자들도 함께 보게 될 거야. 계속 화면을 보고 있잖아."

"음, 괜찮아. 다~ 방법이 있어."

얼룩진 천사랑

류건이 있는 곳은 여러 대의 서버 컴퓨터와 각종 모니터링 시설이 갖춰져 있는 중앙통제실이었다. 세계 곳곳에서 씨씨를 통해 얻어 낸 정보를 분석하기 위해 많은 이들이 바삐 움직이고 있었다.

류건은 별도로 마련된 책상 앞에서 노트북을 들여다보며 키보드를 두드렸다. 씨씨의 삭제를 막을 생각은 없었지만, 어떤 경로로 삭제되고 있는지는 확인하고 싶었다.

한동안 빠른 속도로 자판을 두드리던 류건은 의자에 몸을 기댔다. 잠시 숨을 돌리는 동안 관자놀이를 눌렀다. 감시받고 있다는 압박감과 씨씨의 삭제를 제어할 수 없다는 두려움 때문인지 머리가 지끈거렸다.

고개를 들자, 김연주와 아름이 있는 방을 비추는 CCTV 영상이 보였다. 그나마 다행스러운 점이라면 김연주를 만난 이후로 아름이 한결 안정되어 보인다는 것이었다. 잠시 CCTV 영상을 보는 사이에 문이 열리고, 정혜연이 중앙통제실로 들어섰다.

"작업은 잘되고 있어?"

13호와 류건이 그녀를 돌아보았다.

"오셨습니까, 3호."

'3호'라는 호칭에 류건의 오른손이 파르르 떨렸다. 그는 파리한 얼굴로 정혜연을 노려보았다. 그녀는 여유롭게 미소를 지었다. 그리고 곧 두 사람은 눈싸움하듯 서로를 노려보았다.

"물었잖아. 작업은?"

정혜연이 다시 물었지만 류건은 아무런 대답도 하지 않았다.

"김연주라고 했나. 그 여자를 데려와서 머리에 총이라도 겨눠야 대답할 거야?"

류건은 한숨을 내쉬고는 마지못해 입을 열었다.

"씨씨는 계속 삭제되고 있어. 이제 내가 삭제한 게 아니라는 건 믿을 것 같고. 어쩔 셈이야?"

"네가 아니라고 해도 달라지는 건 없어. 막을 수 있는 건 아마 너 정도일 테니까."

"능력 밖의 일이야."

"씨씨가 다 삭제되면 저 두 사람을 영영 못 보게 될 텐데. 괜찮겠어?"

너무나 쉽게 말하는 정혜연의 모습에 류건은 씁쓸한 마음을 감출 수가 없었다.

"왜 이렇게 변한 거니?"

"난 원래부터 이랬어. 네가 몰랐을 뿐이지."

"노트북은 어떻게 빼돌린 거야? 넌 씨씨의 존재도 몰랐잖아."

"정보는 태팔이한테 들었어. 순진한 애니까 물어보면 곧이 곧대로 얘기해 줬거든. 노트북을 빼돌린 건 좀 충동적이었달까. 제로에게서 스카우트 제의가 왔었어. 돈을 꽤 준다길래 OK 했지. 그런데 제로가 노트북을 손에 넣으면 이상하게 내가 버려질 것 같다는 예감이 들더라고. 그래서 내가 관리자가 되기로 했지. 완벽한 내가 소모품으로 버려질 수는 없잖아."

"고작 그런 이유였다고?"

이곳에서 정혜연을 만난 이후에도 류건은 사정이 있을 거라고 믿고 싶었다. 제로에게 협박당해서 어쩔 수 없이 협조했다든지 하는 이유로 말이다.

"고작이라니. 덕분에 난 완벽해졌어. 나 3호야. 제로 기지에서 나보다 높은 사람은 없어."

정혜연은 입꼬리를 올려 웃으며 모니터 속 김연주를 응시했다.

"뭐, 예쁘네. 네 스타일이야?"

"무슨 소릴 하는 거야."

"그냥 좀 질투가 나서. 10년 전엔 항상 내가 옆에 있었는데 말이야."

"네가 자초한 일이라는 생각은 안 들어?"

"왜 이렇게 까칠해. 날 원망하는 거야? 미움받고 싶지는 않았는데 아쉽네."

정말 아쉽다는 듯 속눈썹을 파르르 떠는 모습에 류건의 표정이 차갑게 굳었다. 저 표정을 좋아하던 시절이 있었다.

"난 10년을 숨어 살았어. 없는 사람처럼."

"어차피 가족도 없잖아. 그나마 태팔이랑 내가 가장 가까운 사람이었을 텐데, 넌 정말 한 번도 연락이 없더라. 나 배신감 느꼈잖아. 정혜연이라는 이름도 너 때문에 안 바꾸고 기다렸는데."

"뭐?"

"이름도 가족도 모두 버리고 완벽하게 새로 태어날 수 있었는데 지금까지 참았어. 태팔이한테는 몰라도 내 앞에는 한 번쯤 나타날 줄 알았거든."

"내가 왜 그랬는지 알아?"

"태팔이는 의심스러웠고, 나는 못 믿었으니까? 10년간 없는 사람처럼 숨어 지낸 건 너야. 내가 시킨 게 아니잖아. 진작 나를 찾아왔으면 될 거였어. 그럼 너도 지금보다는 더 완벽해졌을 거고."

류건은 정혜연을 똑바로 바라보았다.

알았던 때가 있었다. 정혜연이 무엇을 좋아하고, 무엇을 싫어하는지. 무엇을 꿈꾸는지까지 모두.

하지만 이제 류건은 아무것도 알고 싶지 않았다. 류건이 대꾸하지 않자, 정혜연이 다시 입을 열었다.

"그래도 다시 보니까 반갑네."

"내가 뭐라도 하길 원하면 그만 닥치는 게 좋을 거다."

"어머, 무서워라."

정혜연이 비아냥거리는데 중앙통제실 안으로 8호가 들어왔다.

"보고드릴 게 있습니다."

"말해 봐."

"그게…."

류건을 의식해서인지 8호가 머뭇거리자, 정혜연은 자리를 옮겼다. 류건은 정혜연에게 향하던 시선을 거두고, 다시 키보드에 손을 올렸다. 하지만 그가 할 수 있는 일은 아무것도 없었다.

그때였다. 모니터 화면에 갑자기 프로그램 오류 창이 떴다가 바로 사라졌다.

'뭐지?'

오류 창이 뜰 상황이 아니었다. 이상하게 생각하고 있는데 또다시 오류 창이 떴다. 이번에는 조금 전과 다르게 빨리 사라지지 않았다. 류건이 오류 창의 확인 버튼을 눌러 봤지만 아무런 반응이 없었다.

"뭐야?"

곁에 있던 13호가 오류 창을 보고는 인상을 썼다.

오류 창을 노려보던 류건이 프로그램 작성 화면을 열어서 무언가를 입력하기 시작했다. 류건이 작업을 시작한 듯 보이자 13호는 다시 한발 물러났다. 그동안에도 오류 창은 떴다가 사라지기를 반복했다. 몇 번은 짧게 또 몇 번은 길게.

확인해 보니 누군가 노트북에 접속해서 오류 창이 뜨도록 만들고 있었다. 짧게 또 길게.

'모스부호?'

류건은 작성 중인 코드 사이에 오류 창의 신호를 자신만이 알아볼 수 있도록 적어 놓았다. 메모를 마치자 거짓말처럼 오류 창이 사라졌다. 류건이 확인한 메시지는 이랬다.

···— —·—· ·— ·——· —· ··· —··

··· —··· ·—· —·—— ·— ··· —·—·— ·——

모스부호 같긴 한데 문장이 만들어지질 않았다.

'누구지? 무슨 말을 하고 싶은 거지?'

고심하는데 노을의 얼굴이 떠올랐다. 노을의 노트북에 알림창을 띄워 보냈던 게 생각난 것이다.

'설마, 진노을?'

류건은 픽 웃었다. 누군지는 부호를 풀어 보면 알 수 있을 것이다. 전달된 부호를 보면 —으로 시작되는 문자는 항상 ·으로 시작된 문자 다음에 왔다.

'규칙이 있어.'

류건은 한 가지 가설을 세웠다. —으로 시작하는 부호가 한글의 모음, ·으로 시작하는 부호가 자음을 나타내는 것이라면?

그리고 중학교 1학년인 진노을의 수준에 맞춰 생각해 봤다.

'이진법?'

컴퓨터는 전기가 통하면 1, 통하지 않으면 0이라고 인식하는 이진법으로 작동된다. 노을이라면 ·을 1로, –은 0으로 나타내는 방식을 떠올렸을 것이다. 그리고 친구들끼리 사용하기 위해 만들었을 테니 외우지 않고도 간단하게 바꿔 쓸 수 있는 규칙을 만들었을 것이다.

류건은 메모지를 가져다가 자음과 모음을 차례로 적고 이진법을 이용해서 풀이를 만들었다. 그리고 자신이 받은 메시지에 대입해 보았다.

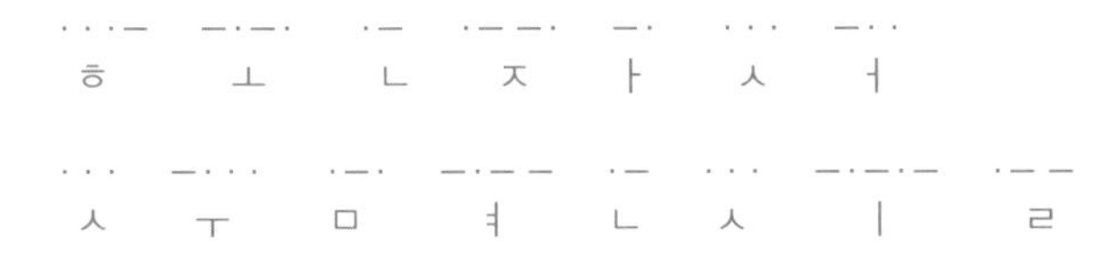

류건이 얻은 메시지는 '혼자서 수면실'이었다.

류건은 끄적이던 메모지에 다른 글을 어지럽게 적어 아무도 알아볼 수 없게 만들어 놓았다.

'이 메시지에 따라야 하나? 정말 노을이 보낸 메시지일까?'

류건이 고심하고 있는데 13호가 물었다.

"해결된 것 같은데, 뭐야?"

"아, 잠깐 실수를 했어. 복구했으니 걱정하지 마. 머리가 좀 아픈데, 옆방에서 좀 누워도 될까? 지금 아무도 없지?"

중앙통제실 옆방은 당직자를 위한 수면실이었다.

13호는 못마땅하다는 표정을 지었지만, 특별히 그의 행동을 제지하지는 않았다. 류건이 두통에 시달리고 있다는 건 13호도 알고 있었다.

"한 시간만이다."

류건은 관자놀이를 누르며 중앙통제실과 연결된 방으로 들어갔다.

문이 자동으로 잠기고, 작은 방 안에 류건 혼자만 남았다.

'왜 여기지? 여기 뭐가 있다는 건가?'

날카로운 류건의 시선이 방 구석구석을 훑어 내려갔다.

완벽한 친구

노을의 눈앞에서 천천히 문이 열렸다. 방 안에는 김연주와 아름이 앉아 있었다. 노을과 파랑을 발견한 아름의 눈이 동그래졌다.

"얘들아!"

파랑과 노을이 아름에게 달려갔다.

"괜찮아? 다친 데는 없어?"

"어, 응. 난 괜찮아."

파랑과 노을의 등장에 아름은 꿈이라도 꾸는 것 같은 기분이었다. 놀란 것은 김연주도 마찬가지였다.

"어떻게 된 거니?"

"선생님들이랑 아름이 구하러 왔죠."

그렇게 말하는 노을은 여유 있어 보이기까지 했다.

"정 차장님이랑 함께 온 거니?"

"아뇨."

"설마 너희끼리??"

"네. 란희랑 태수도 왔어요."

자신만만하게 말하는 노을을 보고 있자니 김연주는 없던 두통까지 생길 것 같았다.

"말도 안 돼. 여기가 어디라고 와!"

김연주는 잔소리와는 거리가 멀었다. 하지만 이번만큼은 짚고 넘어가야 할 것 같았다. 너무나도 무모하고 위험한 행동이었으니까.

"정말 너희끼리 온 거야?"

다시 한 번 기대를 담아 물었지만, 돌아오는 대답은 정해져 있었다.

"네."

"딱 너희끼리만? 어른들 없이?"

"네."

해맑은 노을의 대답에 김연주는 암담해졌다.

"여기가 얼마나 위험한지 알고는 있어?"

"위험한 건 알죠."

천연덕스러운 노을의 대답에 두통이 더 심해지는 것 같았다. 김연주가 폭풍 잔소리를 시작하려는 순간이었다.

"노을, 다음 구역 정리했어."

갑작스럽게 핸드폰에서 들려온 목소리에, 김연주와 아름이 깜짝 놀랐다.

"누구랑 통화하는 거니?"

김연주는 상대가 누구인지를 물었다. 핸드폰에서 낯선 목소리가 들리니 의아할 법도 했다. 게다가 이곳은 핸드폰 수신 불가능 지역이었다.

"친구가 이 건물 보안 시스템을 장악했어요."

"뭐?"

김연주는 노을의 말을 도통 이해할 수 없었다. 여기까지 온 경로와 핸드폰에서 들리는 목소리 등 석연치 않은 부분이 한두 가지가 아니었다. 그러나 지금은 생각이 아니라 행동을 할 때였다.

"건물 안에 나랑 함께 온 사람들이 있을 거야. 어디에 갇혀 있는지 알아내야 해."

김연주의 말을 들은 노을은 핸드폰에 대고 말했다.

"우리 말고 갇혀 있는 사람들을 찾아 줘."

"B 구역에 1명, F 구역에 20명이 갇혀 있어."

핸드폰에 B 구역과 F 구역의 모습이 차례로 떠올랐다. 화면을 확인한 노을의 눈빛이 흔들렸다. 그러곤 결심한 듯 말했다.

"F 구역에 있는 사람들부터 구출할 거야. 다음에는 란희를 찾을 거고. 혹시 모르니까 우리가 이동하고 나면 문을 닫아 줘."

"누군가 밖에서 도와주는 거니?"

"네, 친구예요. 선생님, 가요."

김연주가 앞장서고 아이들이 뒤를 따라갔다.

“문을 열어 줘.”

노을의 말에 따라 오른쪽 문이 열렸다.

아이들이 지나가면 그 문이 닫히고 다시 다음 문이 열렸다. 덕분에 아이들은 아무런 제지 없이 통과할 수 있었다.

다음 문 앞에서 피피가 말했다.

“이 앞엔 2명이 있어.”

“CCTV 보여 줄 수 있어?”

핸드폰 화면에 문 건너편 모습이 나타났다.

“연구원처럼 보이는데. 유인할 곳은?”

“입구가 하나 있긴 한데, 우리가 그쪽으로 나가야 하거든. 유인하는 게 의미가 없어.”

“어쩌지.”

두 사람 모두 연구원처럼 보이긴 했지만, 일단 성인 남자라는 점에서 안심할 수 없었다. 노을 옆에서 핸드폰 화면을 보던 김연주가 말했다.

“2명 정도라면 내가 어떻게 해 볼게.”

노을이 잠시 김연주를 올려다보다가 피피에게 말했다.

“문 열어 줘.”

문이 열리고 두 남자와 김연주가 마주 섰다. 두 남자가 달려들었지만, 김연주는 그들을 가볍게 제압했다.

김연주의 모습에 노을의 입이 벌어졌다.

"역시 그때 도둑 잡은 거 선생님이죠?"

노을이 물었지만 김연주는 웃기만 했다.

"다음 문 열어 줘."

메인 컴퓨터 쪽으로 다가갈수록 가로막는 사람들이 많아졌다. 한두 명이 있는 공간은 김연주가 제압했고, 그렇지 않은 경우에는 다른 방향의 문을 열어 일부를 유인한 다음 넘어가는 형태로 진행했다. 속도가 빠르지는 않았지만, 안전하게 이동하는 게 더 중요했다.

김연주와 함께 왔던 정부 요원들을 구출하자 상황은 더욱 수월해졌다.

"돌파한다."

요원 중 대장으로 보이는 자가 턱짓을 하며 간단명료하게 지시했다. 옷 소매가 터질 듯한 근육질 두 요원이 문 앞에 서고, 그 뒤를 6명이 벽처럼 둘러쌌다.

문이 열리자 대장이 재빨리 안을 훑으며 진입했다. 뒤를 이어 다른 요원들이 날렵하게 몸을 움직였다. 마치 영화의 한 장면처럼 안으로 들어선 요원들은 일사분란하게 움직였다.

문 앞에 있던 제로들은 순식간에 바닥을 뒹굴었다. 기합 소리와 타격음 그리고 신음 소리가 한데 뒤섞였다.

"그래! 그렇지! 대장 아저씨! 왼쪽!!!"

두 손을 불끈 쥐고 광경을 지켜보던 노을의 앞을 김연주가 막아섰다.

"아, 쌤! 안 보여요."

"미성년자 관람 불가야."

"그런 게 어디 있어요."

"여기."

김연주가 손짓하자 아이들을 지키기 위해 남아 있던 요원 4명이 앞을 막아섰다. 시야를 차단당한 노을은 피피가 보여 주는 CCTV 화면으로 만족할 수밖에 없었다.

팔이 등 뒤로 꺾이거나, 의자에 맞고 쓰러지거나, 주먹에 맞고 기절하는 등 다양한 방식으로 제압당한 제로들이 밧줄에 묶였다.

그리고 또 하나의 문이 열리자, 침대에 앉아 있는 란희가 보였다. 일행을 발견한 란희가 벌떡 일어나 아름에게 달려갔다.

"아름아!"

"란희야!!"

란희를 발견한 아름이 다시 울음을 터트렸다. 억누르고 있던 두려움과 고마움이 한데 섞여 폭발한 듯했다.

"다친 데는 없어?"

란희가 다정하게 말하자 아름의 울음이 더욱 커졌다. 두 사람을 지켜보던 노을이 말했다.

"재회의 기쁨은 나중에 나누고, 류건 쌤부터 구하러 가자."

노을이 방을 나서려는데 란희가 팔을 붙잡았다.

"왜?"

"여기에 아저씨가 계셔."

란희는 노을의 귀에 대고 속삭였다. 자신이 낼 수 있는 가장 작은 목소리였다. 하지만 놀랄 줄 알았던 노을은 담담해 보였다. 란희는 자신의 설명이 부족했다는 생각에 다시 말을 이었다.

"너희 아버지 말이야. 여기 계시다고."

"알아."

"안다고?"

"그럼 아저씨부터 구하자."

진영진이 자신은 신경 쓰지 말라고 했지만 아무리 생각해도 위험했다. 게다가 자신들이 도망치고 나면 더 위험해질 수도 있었다.

"나중에."

노을이 란희의 말을 끊었다. 아직은 만나고 싶지 않았다. 아니, 만날 수 없었다. 노을은 란희를 외면하며 핸드폰에 대고 말했다.

"이제 메인 컴퓨터가 있는 곳으로 갈 거야."

"중앙통제실에는 사람이 많아."

피피가 답했다. CCTV 영상에 무장한 사람들이 주위를 경계하고 있었다. 외부와의 연결이 끊어지고 다른 방으로 이동할 수 없게 됐다는 걸 알게 된 듯했다.

"몇 명이야?"

"15명. 그중 무장한 사람은 6명."

노을이 앞장서자 김연주가 따라서 움직였다. 궁금한 것이 많았지만, 지금은 물어볼 때가 아니었다. 중앙통제실 문 앞에 선 노을이 피피에게 말했다.

"피피, 몇 명만이라도 유인할 수 없을까?"

"중앙통제실은 출입구가 하나뿐이야. 통제실에 딸려 있는 방에는 류건이 있고."

남은 방법이 정면돌파밖에 없다는 말이었다.

"될까요?"

노을이 김연주를 올려다보며 물었다.

"너희는 위험하니까 이 방에 있어. 그 친구에게 문을 열어 달라고 부탁해 줄래? 우리가 진입하면 문 바로 닫고."

"네."

"진노을, 우리가 진입하면 바로 문 닫는 거야. 알았지? 우린 걱정 말고 무슨 일 생기면 그 친구 통해서 정 차장님한테 연락해. 번호는 알지?"

"네."

"좋아. 진입하면 문 닫고, 문제가 생기면 정 차장님."

한 번 더 다짐하는 김연주에게 노을이 고개를 세차게 끄덕였다.

일행은 메인 컴퓨터가 있는 방 앞에 섰다. 김연주의 지시에 따라 아이들은 문 앞에서 멀찌감치 떨어져 섰다. 그리고 김연주는 테이블을 옆으로 쓰러트려 아이들 앞을 막아 주었다. 그 옆을 부상 당한 요원이 지켰다.

갈비뼈가 부러진 것 같다던 요원은 고통이 느껴지지 않는 듯 굳건하게 서 있었다.

"열어."

김연주의 말에 피피가 문을 열었다.

문이 열리자 요원들이 안으로 쏟아지듯 들어갔다. 그리고 문이 닫히는 짧은 시간 동안 무장한 제로들에게 달려드는 요원들의 뒷모습이 보였다. 예리한 총성이 들리고, 마지막으로 김연주가 들어간 다음 문이 닫혔다.

"선생님."

아름이 멍하니 중얼거렸다.

란희가 그런 아름을 부둥켜안았다. 노을도 이번만은 피피가 보여 주는 영상을 지켜보지 못했다. 계속해서 들리는 총성에 귀를 틀어막고 싶었다.

"괜찮을 거야. 괜찮겠지?"

파랑조차 초조함을 참지 못하고 중얼거렸다.

잠시 후 소리가 잠잠해지자 노을이 핸드폰에 대고 말했다.

"피피, 영상 보여 줘."

요원들이 제로 연구원들과 무장인력을 제압한 모습이 화면에 나타났다. 남은 이들은 몇 되지 않았다. 그중엔 정혜연도 있었다.

소리는 들리지 않았지만, 정혜연은 악을 써 대며 거세게 반항하는 것 같았다. 의자를 집어던진 정혜연의 팔이 김연주에게 붙잡혔다. 김연주는 그대로 정혜연의 팔을 뒤로 꺾고 무릎으로 등을 눌렀다.

"문 열어."

문이 열리고 노을이 안으로 들어섰다.

바닥에 피가 흥건히 고여 있었다. 요원 중 대장으로 보이는 이가 손짓하자 몇몇은 제로들을 묶었고, 몇몇은 부상자를 구석으로 옮겼다.

아름과 란희는 파랑의 팔을 붙잡고 조심스레 방으로 들어섰다. 넘어진 테이블의 총알 자국, 곳곳에 남은 핏자국들이 공포로 다가왔다. 불안한 표정으로 걸음을 옮기던 란희가 부서진 의자 다리를 밟고는 작게 비명을 질렀다.

덕분에 시선이 쏠리자 란희는 파랑의 등 뒤로 숨었다.

"위험해. 옆방에 가 있어."

"선생님 옆에 있을래요."

무언가 잔소리를 하려던 김연주는 아이들의 불안한 표정을 보고는 한숨을 쉬었다.

"그럼 내 옆에서 떨어지지 마."

방 안을 살피던 요원 한 명이 위성 전화기를 찾아냈다.

"현재 상황이랑 위치 보고해. 3명이 남아서 여기를 지키고, 나머지는 류건을 찾는다."

상황을 정리한 김연주는 노을을 돌아보았다.

노을이 핸드폰에 대고 말했다.

"류건 쌤 방 열어 줘."

노을의 말에 구석에 있던 작은 문이 열리고 류건이 나타났다.

"선생님!"

아이들이 류건을 향해 소리쳤다.

"역시 진노을, 너였구나."

"구하러 왔어요."

노을이 자신만만하게 말했다.

"여기 시스템을 장악한 것도 너였어?"

믿을 수 없다는 듯한 말투였다. 노을은 류건에게 가까이 다가갔다. 그리고 그만이 들을 수 있는 목소리로 말했다.

"피피요."

"피피?"

"제가 피피의 관리자가 됐거든요."

류건은 자신의 귀를 의심했다.

"설마, 내가 만든 피피를 말하는 거니?"

"기숙사 벽돌 뒤에서 주웠어요."

"그게 돌아갈 리가 없을 텐데?"

"아뇨. 그건 실패작이 아니에요. 나중에 말씀드릴게요. 일단 나가요."

그제야 정신을 차린 류건이 자리에서 일어났다. 피피도 중요했지만, 이곳을 벗어나는 게 우선이었다. 류건이 중앙컴퓨터가 있는 공간에 들어서자, 분주하게 움직이는 정부 요원들이 보였다.

김연주가 류건에게 다가갔다.

"씨씨 관련 자료 삭제 부탁해."

류건이 컴퓨터 앞에 서서 자신이 작업하던 노트북을 연결했다. 그리고 정혜연을 바라봤다. 그러자 김연주가 그녀를 끌어다가 테이블 앞에 세웠다.

양손이 한데 묶인 정혜연은 힘없이 끌려와 노트북을 내려다보았다.

"로그인 해."

김연주가 고압적으로 지시했다. 하지만 정혜연은 움직이지 않은 채 그녀를 노려보았다.

"못 하겠다면?"

"협조하는 게 좋을 텐데. 돌아가는 상황이 안 보이나 봐."

"그러니 더더욱 못 하지. 이런 상황일수록 가치 있는 사람으로 남는 게 중요하거든."

두 사람이 대화하는 동안 자판을 두드리던 류건은 잠시 후 놀란 얼굴로 노을을 쳐다보았다. 그러자 노을이 배시시 웃었다. 류건은 어이없다는 듯 웃고는 김연주를 향해 말했다.

"씨씨 삭제 끝났어."

김연주와 정혜연이 동시에 류건에게로 고개를 돌렸다.

"그럴 리가 없잖아!"

정혜연은 믿을 수 없다는 표정이었다. 하지만 류건은 그저 어깨를 으쓱해 보일 뿐이었다.

"내가 붙잡힌 상태로 놀고 있던 게 아니라서."

사람들 앞에서 피피의 존재를 말하기가 망설여졌던 류건은 일단 얼버무리기로 했다.

"정말 삭제한 거야?"

김연주가 다가서자 류건이 노트북을 돌려 모니터를 볼 수 있도록 해 주었다. 정혜연은 그 자리에 주저앉았다. 넋을 잃은 것 같은 모습이었다.

그런 정혜연을 힐긋 보고는 류건이 다시 선언하듯 말했다.

"깔끔하게 삭제됐어. 이제 씨씨는 없어."

정혜연이 묶인 손을 들어 류건의 팔을 붙잡았다.

"다시 만들어 줘."

"뭐?"

"다시 만들 수 있잖아. 날 위해서 다시 만들어."

류건은 자신의 팔을 붙잡은 정혜연의 손을 떼어 냈다. 잠시 동요하던 눈빛이 곧 차갑게 가라앉았다.

"다시 보지 말자."

그가 외면하자 요원들은 정혜연을 끌어다가 류건이 있던 방에 밀어 넣었다. 정혜연은 문이 닫힐 때까지 류건의 이름을 불렀다. 류건은 한동안 고개를 들지도, 돌아보지도 않았다.

덕분에 공간 안에 무거운 공기가 감돌았다. 침묵 속에서 노을은 자신 역시 미뤄 놓은 문제를 해결해야 할 시간이 왔다는 걸 깨달았다. 노을은 김연주에게 다가가 기어들어가는 소리로 말했다.

"장형우라는 사람이 제로 스파이예요. 아, 그게…. 돌아다니다가 우연히 들었어요. 그리고 아버지가 여기 어딘가에 계실 거예요."

아버지에 대한 말을 전하고, 풀이 죽은 모습이 꽤나 마음고생을 한 것 같았다. 김연주가 그런 노을을 안쓰러운 얼굴로 바라보았다. 그때 란희가 쪼르르 다가왔다.

"쌤! 제가 아저씨 위치 기억하고 있어요. B 구역 입구 쪽 방에 갇혀 계세요."

"갇혀 있다고?"

노을은 란희에게 따지듯이 되물었다.

"응. 정혜연이 가뒀어. 내가 말 안 했나? 아! 위험하신 건 아니야. 그냥 혼자 갇혀 계셔."

노을은 맥이 탁 풀려 그 자리에 주저앉았다.

갇혀 있다면, 제로와 같은 편이 아니라는 의미 아닌가. 그간의 마음고생 때문인지 눈물까지 핑 돌았다. 란희는 영문을 모르겠다는 듯 눈을 깜박거렸다.

김연주는 주저앉은 노을의 머리를 흐트러트리듯 쓰다듬고는 부드럽게 말했다.

"고맙다. 지금부터는 우리한테 맡겨."

이제부터는 어른들의 영역이었다.

마지막 날

학교 곳곳에 풍선과 플래카드가 붙었다. 축제를 즐기기 위해 모여든 아이들의 얼굴에는 웃음이 가득 걸려 있었다. 손에 군것질거리를 든 아이들이 함께 걸어 나오는 노을과 태수를 발견하고는 고개를 갸웃거렸다.

"쟤들은 왜 같이 있지?"

"몰라. 저러다 또 싸우겠지."

아이들은 노을과 태수를 호기심 가득한 눈으로 쳐다봤다. 하지만 아무리 기다려도 싸울 기미는 보이질 않았다. 가던 길을 멈추고 두 사람을 주시하던 아이들은 곧 흥미를 잃고 흩어졌다.

"정혜연은 잡혔는데, 8호랑 몇 명이 도망쳤나 봐."

노을은 진행 상황을 궁금해하는 태수에게 소식을 알려 주고 있었다.

"그랬구나. 그럼 씨씨라는 건 이제 못 쓰는 거지?"

"응. 완전히 삭제됐고 관리자도 잡혔으니 이제 아무 문제 없어."

"다행이네. 나는 퀴즈대회가 곧 시작해서 가 봐야겠다."

"이따 봐. 우리도 대회장 갈 거야. 파랑이가 나간대."

"곤란한데. 우승자를 정해 놓고 대회를 하는 거랑 다를 게 없잖아. 아무튼, 이따 보자."

태수가 멀어지자 노을은 하늘을 올려다보았다. 어제 기지를 나서며 봤던 하늘과 비슷했다.

섬에서 구출된 후 학교로 바로 오고 싶었지만, 경찰 조사를 받아야 했기 때문에 하루 미뤄졌다. 다행스러운 것은 모든 것이 비밀리에 처리되었다는 점이다. 또다시 뉴스에라도 나왔다면 학교 다니기가 더욱 힘들어졌을 것이다.

이런저런 생각을 하고 있는데 경쾌한 발자국 소리가 들렸다. 그리고 뒤통수에 익숙한 고통이 느껴졌다.

"일찍 나왔네!"

란희였다. 머리에 못 보던 헤어핀이 꽂혀 있었다. 하지만 당장 머리가 깨질 듯이 아픈 노을의 눈에는 보이질 않았다.

"아씨, 머리 때리지 말라니까!"

"왜, 뭐."

노을이 얼얼한 뒤통수를 만지고 있는데 남자 기숙사에서 파랑이 나왔다.

"가자!"

세 사람은 파란노을의 축제 행사가 있는 곳으로 움직였다.

"우리, 축제 장소 비워 놔서 망한 거 아닐까."

"걱정 붙들어 매. 콘셉트라고 생각할 거야. 그보다 아름이도 같이 왔으면 좋았을 텐데. 저녁 때 학교에 리미트 오거든."

일주일 가까이 실종 상태였던 아름은 집에 가 있었다. 노을은 그 사실이 못내 아쉬웠다.

"리미트가 중학교 축제에 왜 오냐?"

란희가 손사래 치며 노을의 말에 반기를 들었다.

"어제 아버지가 뜬금없이 불러서는 더 뜬금없이 내가 자랑스럽다는 거야. 오그라들게. 그리고 뭐든 원하는 게 있으면 말하라고 하잖아. 딱히 생각나는 게 없어서 축제에 리미트 불러 달라고 했지. 아름이가 좋아할 것 같아서."

"헐. 그럼 오늘 저녁 때 리미트 오는 거?"

"응."

"말하면 아름이 집을 탈출해서라도 올 텐데?"

"결국 부모님한테 들킨 거야?"

"아니, 수업시간에 핸드폰 쓰다가 압수당했다고 거짓말했잖아. 전화 한 통 없다가 축제 마지막 날에나 집에 왔다고 엄청 혼났나 봐. 납치당했던 건 모르시지. 들키면 전학가게 될걸."

"엄청 눈치 보이겠다. 그래도 안 들켰으니 그나마 다행이네. 어? 문제판이다!"

스터디 룸을 향해 가는 곳곳에 대형 문제판이 보였다. 지난번 자동차 퍼즐과 비슷한 패턴의 수학 자판기가 곳곳에 세워져 있었다. 문제는 축제에 참여하지 못한 이틀 동안 다른 아이들이 문제를 풀어 상품을 받아 갔다는 것이다. 상품은 장학금 포인트부터 전자시계, 캐릭터 노트까지 다양했다.

"헉. 이건, 폴라로이드 카메라였어."

란희가 아쉬운 마음에 누군가 풀어 버린 수학 자판기 앞을 서성였다.

"나중에 찾아보자. 아직 상품이 걸려 있는 자판기도 있을걸. 태수랑 파랑이가 다 자리를 비웠으니까 못 푼 문제가 있을 거야."

"그런 건 나도 못 풀거든."

미련 없이 자판기에서 멀어진 란희는 스터디 룸을 향해 움직였다. 유리문을 열고 들어서자마자 웅성거림이 느껴졌다.

노트북을 설치해 놓은 스터디 룸 부스 안과 밖에 아이들이 삼삼오오 모여 떠들고 있었다.

"마지막 날인데 사람이 왜 이렇게 많아?"

"그러게."

란희가 동태를 살피기 위해 슬쩍 가 보니, 막 그림을 출력한 여자아이가 발까지 동동 구르며 좋아하고 있었다.

"이것 봐. 진짜 커플 그림이잖아."

"축하해. 좋겠다. 난 꽝 나왔는데."

"거봐. 내가 잘될 거라고 했잖아."

친구로 보이는 아이들이 한마디씩 건넸다. 커플 그림을 출력한 아이는 연신 방긋거렸다.

"그래서? 전화는 안 왔어?"

"아직."

"먼저 해 봐."

"그냥 학교 안을 돌아다니다 보면 만나지지 않을까."

여자애는 상대 남자아이와 우연히 마주치는 장면을 상상했는지 얼굴이 붉게 달아올랐다. 친구들이 축하해 주는 걸로 봐서는 그 여자아이가 쓴 이름의 주인공을 모두 알고 있는 눈치였다.

그때 또 다른 여자아이들 무리가 우르르 지나가며 노을과 파랑을 힐긋거렸다.

"쟤들은 누구 썼을까?"

"노을이나 파랑이 이름 쓴 애 중에는 커플 그림 나온 애가 없대."

"나왔는데 모르는 척하고 있는 거 아니야?"

"그럴지도?"

"차라리 노을이랑 파랑이 둘이 사귀면 좋겠다."

"어어. 나도 그 생각 했는데."

"요즘 대세는 브로맨스지. 눈은 즐겁겠다."

여자아이들은 파랑과 노을을 향해 망상의 나래를 펼치며 수군거렸다. 노을은 여자아이들의 말을 듣고는 픽 웃었다. 자신들을 향한 웅성거림이 느껴지자 이제서야 학교에 돌아왔다는 기분이 들었다.

란희는 가방에서 카메라를 꺼내 북적거리는 스터디 룸의 전경을 찍었다.

"우리도 해 보자."

란희가 카메라를 집어넣자, 노을이 앞장섰다. 셋이 나란히 부스 안으로 들어서자 다른 아이들이 주춤주춤 물러났다. 이 프로그램을 만든 주인공들이 나타났기 때문이다. 물론 이들의 결과지가 궁금하기도 했다.

노트북 모니터 화면에 뜬 [자신의 이름을 입력하세요]라는 메시지를 보고 있던 노을은 대뜸 파랑의 이름을 입력했다. 그리고 파랑을 빤히 쳐다보았다. 파랑이 비밀번호를 누르자 프린트가 출력되기 시작했다.

커플 그림이었다.

"오! 좋겠는데."

노을이 배시시 웃었다. 하지만 파랑은 좀 멍한 표정이었다. 이어서 란희도 자신의 이름을 입력했다. 란희 역시 커플 그림이 출력됐다.

란희도 잠시 멍한 표정을 지었지만, 곧 포커페이스를 유지했다. 노을은 괜스레 입을 삐쭉거렸지만, 별다른 말은 하지 않았다. 태수는 당연히 란희를 입력했을 것이다. 란희도 태수를 입력했다면 당연히 커플 그림이 나올 터였다. 예전의 태수라면 재수 없었겠지만, 지금은 그리 나쁘지 않은 정도는 되었다.

노을이 나가려고 하자, 파랑이 물었다.

"넌 왜 안 해?"

"난 꽝이거든."

"왜? 해 보지도 않고?"

란희가 노을의 팔을 붙잡고는 궁금하다는 듯 눈을 반짝였다.

"난 피피 썼는데?"

"헐. 피피가 여자였어?"

"응. 여자 목소리잖아."

"아무리 그래도 여자 사람을 써야지. 컴퓨터 프로그램을 쓰냐. 너 그러다가 프로그램이랑 결혼한다고 하는 거 아니야?"

란희가 질색했지만, 노을은 그냥 웃기만 했다.

"그런데 아름이는 확인 못 해 보겠네."

"그러게."

셋이 부스를 나서자 뒤에서 기다리던 아이들이 호기심 어린 눈으로 지켜보았다. 세 사람의 결과를 알고 싶어 하는 눈치였지만, 셋은 그대로 스터디 룸을 떠났다. 몇몇 아이들이 발을 동동 굴렀지만, 신경 쓰지 않았다.

"수학 퀴즈대회 시작하겠다. 예선전 시간 얼마 안 남았어."

세 사람은 서둘러 강당으로 향했다. 강당 앞에는 이미 많은 아이들이 옹기종기 모여 있었다. 예선은 1분 안에 한 문제를 푸는 것이었다.

파랑은 예선전 문제지를 배부하는 테이블 앞으로 향했다. 테이블에 앉아 있던 지석이 파랑을 노려보았다.

"왜 왔냐?"

"문제지 줘."

"상품 받아서 살림에 보태게?"

지석이 시비를 걸었지만, 파랑은 딱히 대꾸하지 않았다. 뒤에 있던 태수가 다가왔다.

"그냥 문제지 줘. 제일 이상한 걸로."

그렇게 말하자 파랑이 어깨를 으쓱했다. 지석이 좋은 생각이라는 듯 문제를 찾았다. 일단 암산해야 하는 문제는 모두 제외했다. 그사이 태수와 파랑의 시선이 마주쳤다. 둘은 서로를 보고 픽 웃었다. 그리고 태수의 시선은 자연스럽게 근처에 있을 란희를 찾아 움직였다.

태수는 노을 옆에 서 있는 란희를 어렵지 않게 발견했다. 태수는 란희의 머리에서 반짝이고 있는 헤어핀을 보고는 부드럽게 웃었다.

'버리지는 않았네.'

지석이 문제지를 건네고, 모래시계를 뒤집었다. 모래가 모두 떨어지기 전까지 문제를 풀면 된다.

이 사각형은 무엇인가? 정사각형은 아니지만 사다리꼴이다. 직사각형은 아니지만 평행사변형이다. 그러나 모든 평행사변형은 이 사각형이 될 수 없다.

문제를 읽은 파랑이 망설임 없이 말했다.

"마름모."

이 사각형은 사다리꼴이므로 한 쌍의 대변이 평행하다. 또 평행사변형이므로 다른 한 쌍의 대변도 평행하다. 하지만 직사각형은 아니므로 한 내각이 직각은 아니다. 그러므로 정사각형은 될 수 없다. 그런데 모든 평행사변형은 이 사각형이라 할 수 없으므로, 이웃하는 두 변의 길이가 서로 같다는 조건이 추가된 마름모뿐이다.

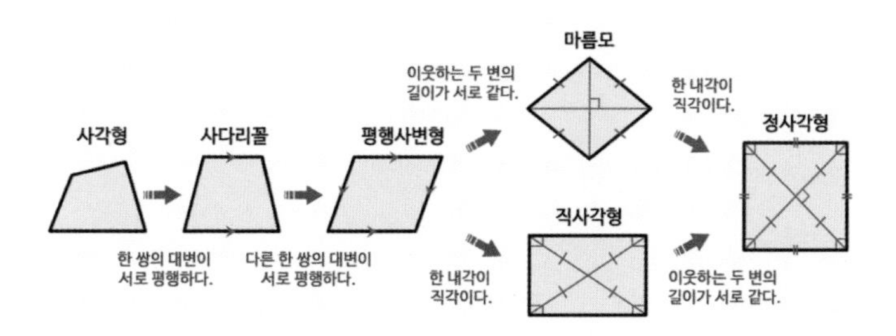

지석의 얼굴이 구겨졌다. 하지만 정답을 맞힌 이상 불만을 표시할 수는 없었다. 지석은 파랑에게 예선 통과 쪽지를 내밀었다.

본선은 10분 후에 시작될 예정이었다. 파랑은 주위를 두리번거리다가 란희 옆으로 가서 섰다.

"노을이는?"

"아이스크림 사러 갔어."

둘은 나란히 서서 하나 둘씩 들어오는 대회 참가자들을 쳐다봤다. 잠시 침묵이 이어졌다. 전과 다르게 분위기가 조금 어색했다.

"너, 왜 나 썼어?"

먼저 입을 연 건 란희였다.

"쓸 사람이 없어서. 음, 너는?"

"나도 그렇지. 아하하."

란희가 웃음을 멈추자 더 어색해져 버렸다.

"태수를 쓸 줄 알았는데. 화해한 거 아니야?"

"그냥 퉁치기로 했어."

"퉁?"

"나름 깔끔하게 정리했달까."

"그렇구나."

파랑은 괜히 강당 바닥을 발끝으로 툭툭 찼다. 그러다 다시 입을 열었다.

"사실은 좋아서 썼어."

"어?"

슬쩍 란희의 손을 잡은 파랑은 다시 바닥을 응시했다. 맞잡은 손끝에서부터 부끄러움이 번져 나가기 시작했다. 그때 뒤쪽에서 소프트아이스크림을 양손에 든 노을이 불쑥 나타났다.

"너네 뭐 하냐?"

"아닌데? 아닌데? 아무것도 안 했는데?"

갑작스러운 노을의 등장에 당황한 란희는 파랑의 손을 슬쩍 놓고 정색했다. 때마침 본 대회가 시작된다는 안내방송이 흘러 나왔다.

"지금 오라는 것 같은데?"

노을이 파랑에게 아이스크림을 건네며 말했다. 하지만 파랑은 고개를 저었다.

"어서 가 봐."

란희가 등을 떠밀자, 파랑은 테이블에 가서 앉았다.

란희는 파랑의 뒷모습을 보다가 작게 한숨을 쉬었다. 그리고 옆에서 양손에 아이스크림 쥐고 번갈아가며 핥아 먹는 노을을 흘겨보았다.

"왜?"

"맛있냐?"

"응. 왜?"

"아니다. 먹어라."

본선 대회는 토너먼트 식으로 진행되었다. 문제가 모니터에 뜨면 테이블에 마주 선 2명 중 먼저 정답을 말한 사람이 이기는 형식이었다. 노을과 란희는 맨 뒤에 서서 아이스크림을 할짝거리며 구경했다. 중간중간 사진을 찍는 것도 잊지 않았다.

대회 특유의 긴장감은 찾아볼 수 없었다. 태수는 주최자라 참가하지 않았기 때문에 파랑을 막을 사람이 없었다. 순식간에 결승전이 다가왔고, 파랑의 상대는 5반 반장인 정희였다.

결승전은 5선승제였다. 첫 번째 문제가 모니터에 떠오르고, 사회자의 목소리가 대회장에 울려 퍼졌다.

"103의 제곱은?"

"10609!"

먼저 대답한 사람은 파랑이었다.

"맞습니다. 그럼 99의 제곱은?"

"9801!"

이번에는 정희가 맞혔다.

"이번에는 김정희 학생이 먼저 맞히는군요. 다음 문제입니다. 52 곱하기 48은?"

"2496!"

"임파랑 학생, 정답입니다."

사람들의 환호 소리가 들리는 가운데 란희가 고개를 절레절레 흔들었다.

"둘 다 완전 계산기네, 계산기야. 어떻게 저렇게 하지? 난 쓰면서 계산해도 쟤네보다 오래 걸릴 거야."

"딩동_제곱 공식을 쓰면 쉽게 풀 수 있는 문제잖아. $103^2 = (100+3)^2$으로 $(a+b)^2 = a^2+2\times a\times b+b^2$을 이용하면 간단하지."

"아, 깜짝이야. 너 켜져 있었어?"

란희가 노을의 핸드폰을 들여다보며 말했다.

"응. 나도 축제 구경하고 있었어."

피피는 파랑과 란희를 소개받은 이후로 귀엽게도 아무 때나 불쑥불쑥 나타났다. 프로그램이 귀엽다는 건 조금 이상하지만.

"그럼 52×48은 합차 공식을 쓰면 되겠네. $52\times48=(50+2)\times(50-2)=50^2-2^2$ 이렇게!"

"맞아, 란희."

"너 수학 좀 늘었다?"

"진또라이 너한테는 밀리고 싶지 않거든. 2학년 때는 다시 사뿐히 밟아 주겠어. 지난번 성적은 정말 굴욕적이었어."

"될까? 난 피피가 가르쳐 주는데."

"헐. 나도, 나도, 나도."

"너도 뭐."

"나도 좀 가르쳐 달라고 그래. 내 핸드폰에도 피피 깔아 줘."

"피피가 무슨 과외 선생님인 줄 아냐?"

"치사하다!"

곱셈 공식

| 제곱 공식 |

$(a+b)^2=a^2+2\times a\times b+b^2$

$103^2=(100+3)^2=100^2+2\times 100\times 3+3^2=10000+600+9=10609$

$(a-b)^2=a^2-2\times a\times b+b^2$

$99^2=(100-1)^2=100^2-2\times 100\times 1+1^2=10000-200+1=9801$

| 합차 공식 |

$(a+b)\times(a-b)=a^2-b^2$

$52\times 48=(50+2)\times(50-2)=50^2-2^2=2500-4=2496$

"치사한 게 아니라 안 그래도 류건 쌤한테 돌려 드려야 하지 않을까 생각하는 중이었어."

그렇게 말한 노을은 조금 풀이 죽었다.

"그냥 배 째."

"넌 여자애가!"

"뭐, 왜, 뭐."

둘이 아웅다웅하는 사이에 우승자가 정해졌다.

우승은 당연히 파랑이었다. 강당에서 환호성이 울려 퍼졌다. 단상 위에 올라선 파랑이 우승 상품을 받았다. 1등 상품을 받아 든 파랑은 2등을 한 정희와 무언가 얘기를 나누더니 상품을 교환했다. 그러곤 란희에게 다가와 불쑥 상품을 내밀었다.

"어?"

"폴라로이드 카메라랑 필름이래."

"나 주는 거야?"

란희는 당혹스러웠지만 손에 들린 박스를 보며 배시시 웃었다. 노을이 그런 두 사람을 보고는 장난스레 말했다.

"남아 있는 수학 자판기 상품까지 다 따 줄 기세네."

"그럴까?"

파랑이 대수롭지 않다는 듯 대답하자, 놀란 것은 오히려 노을과 란희였다. 파랑과 란희는 서로를 지그시 바라보았다.

"뭐지뭐지. 이 분위기는 뭐지?"

"뭐기는. 니가 맞는 분위기지."

란희는 분위기를 깬 노을의 등짝을 가차 없이 내리쳤다.

"아! 왜 때려!!"

"다음은 어디 갈까?"

때리고 맞느라 정신없는 두 사람을 향해 파랑이 물었다.

"농구부에서 하는 일일찻집 가자. 거기 케이크 맛있대."

란희의 말에 세 사람은 일일찻집으로 향했다. 파랑이 자리를 잡는 사이 란희와 노을은 주문을 하러 갔다. 란희는 케이크 진열대 앞에서 떨어질 줄을 몰랐다.

"생크림이 좋을까? 초콜릿이 좋을까?"

결정장애에 걸린 란희는 노을에게 의견을 구했다. 달디단 초콜릿 케이크도 매력적이었고, 원을 그리듯 딸기가 올라가 있는 생크림 케이크도 맛있어 보였다.

"둘 다 먹어."

"천잰데?"

2개를 모두 주문한 란희는 신이 나서 테이블로 돌아왔다.

앉아 있는 파랑에게 아이들이 다가와 우승을 축하한다는 인사말을 건넸다. 평소라면 "응" 혹은 "아니"라고 대답했을 파랑이었지만, 오늘만큼은 달랐다. 미소까지 지어 보이며 아이들에게 고맙다고 답했다.

그 여파는 대단했다. 파랑의 웃는 얼굴을 본 여자아이들의 웅성거림이 더욱 커졌다.

"마니아층이 더 늘겠네."

란희의 말에 노을이 키득거리며 웃었다.

주변 테이블에 삼삼오오 모여 떠드는 아이들의 이야기가 조금씩 들려왔다. 대부분 컴퓨터 동아리의 결과물에 대한 이야기였다.

"우리 대성공인 것 같지?"

"당연하지. 나님이 기획한 건데."

"그러시겠죠."

"아름이가 있었으면 더 재밌었을 텐데."

"그러게. 아쉽다."

란희는 가방에서 카메라를 꺼내 축제 풍경을 찍었다. 사진이라도 꼼꼼하게 남겨서 보여 줄 심산이었다. 그렇게 세 사람은 여유롭게 앉아 주변을 구경했다. 그때 아이들의 시야에 류건이 나타났다. 그 옆에는 정태팔도 있었다. 얼핏 보기에도 화해한 것 같은 느낌이 물씬 풍겼다. 평소의 날 선 분위기는 찾아볼 수 없었다.

"으엑. 눈이 썩을 것 같아. 정태팔이 웃었어."

란희의 외침에 노을의 인상도 찌푸려졌다. 다른 아이들의 시선도 두 사람에게로 향했다. 정태팔이 환하게 웃는 모습이라니, 좀처럼 볼 수 없는 광경이었다.

"저거 봐. 정태팔이 딸기 케이크를 샀어!!! 나 이제 딸기 케이크는 안 먹을래."

"정말 안 먹을 거야?"

"아니."

정태팔은 딸기 케이크와 음료를 들고 빈 테이블에 가서 앉았다. 정태팔의 맞은편에 앉으려던 류건이 노을을 발견하고는 다가왔다.

"고맙다는 말을 하지 않은 것 같아서."

"뭘요. 아, 저 피피는 어떻게 해야 할지."

노을이 말끝을 흐렸다.

"네가 관리자면서 뭘 물어봐."

"에?"

류건은 부드러운 표정으로 노을을 내려다보았다.

피피를 폐기하는 것도 생각은 해 보았다. 하지만 애초에 폐기된 거나 마찬가지인 피피를 세상에 나오게 한 것은 노을이었다. 게다가 큰 도움을 받았다는 것도 무시할 수 없었다.

"이번 일에 대한 보답이라고 생각해. 대신 나쁜 일에 쓰면 바로 폐기할 거다."

"그래도 될까요?"

"괜찮아. 대신 네 안전을 위해서라도 아는 사람이 더 늘어나서는 안 돼. 김연주 선생님한테도 비밀이다."

"네."

노을이 격하게 고개를 끄덕이자, 류건이 그의 머리를 흐트러트리고는 돌아섰다. 멀어지는 류건을 지켜보던 노을은 정태팔과 눈이 마주쳤다. 정태팔이 노을을 보고 흐뭇한 미소를 보냈다.

"헐. 나 저주받은 것 같아."

"왜?"

"정태팔이 날 보고 웃었어."

노을의 표정이 썩어 들어가자, 란희가 깔깔거리며 웃었다. 한참을 웃던 란희는 마주 앉아 이야기를 나누는 정태팔과 류건을 보다가 다시 노을에게로 시선을 돌렸다.

"그래도 좋겠네. 너의 그녀랑 헤어지지 않아도 돼서."

"좋다. 좋아 죽겠다. 그런데 넌 왜 태수랑 같이 안 다니냐?"

"응?"

란희는 초콜릿 케이크를 한입 베어 물며 되물었다. 어느새 케이크는 흔적도 없이 사라져 있었다.

"너 커플 그림 나왔잖아."

노을의 말에 란희와 파랑의 시선이 바닥으로 떨어졌다.

"그, 그랬지."

"오늘부터 둘이 딱 붙어 다닐 줄 알았는데 뭔 일이래?"

"시, 신경 꺼 줄래? 나도 사생활 있는 여자라고!"

"아, 왜 화를 내. 그러고 보니까 파랑이 넌 누구 썼어?"

"콜라 빨리 마시기 대회 나간다며. 안 가?"

파랑은 자연스럽게 말을 돌렸다.

"아, 가! 가야지. 늦었네."

노을이 허둥지둥 일어나 운동장으로 향했다.

파랑과 란희는 나란히 그 뒤를 따라갔다. 스칠 듯 말 듯 가까이 있는 상대의 손이 신경 쓰였다.

콜라 마시기 대회장에 도착해 보니 이미 많은 아이들이 모여 있었다. 노을은 세 번째 경기였다. 란희와 파랑은 관중들 사이에 자리를 잡고 섰다. 사람이 많아서인지 몸이 이리저리 밀렸다. 누군가 란희의 어깨를 툭 치고 지나가자, 파랑이 란희의 손을 잡아끌었다.

둘의 시선이 마주쳤다. 그때 등 뒤에서 익숙한 목소리가 들려왔다.

"란희야! 파랑아!"

돌아보니 아름이었다. 둘은 다시 슬쩍 손을 놓아야 했다.

"어? 어떻게 왔어?"

"몰래 도망 나왔어. 엄마한테 좀 혼나겠지만, 축제는 꼭 와 보고 싶었거든."

아름이 파랑과 란희 사이에 끼어들며 활짝 웃었다.

"저녁 때 리미트 온대."

"뭐어?"

아름의 눈이 커졌다. 혼이 나간 듯한 아름의 반응에 란희와 파랑의 입가에 미소가 걸렸다.

마침 노을의 차례가 되었다. 콜라 앞에 비장한 표정으로 선 노을이 아름을 발견하고는 활짝 웃었다.

아이들의 축제는 지금부터가 시작이었다.